SOFORTHELFER RASEN

JOACHIM MAYER | WOLFGANG HENSEL

KOSMOS

ALLES AUF EINEN BLICK

↗ SEITE 7

Basics

- Alles über die wichtigsten Rasengräser und Rasentypen
- Spezialmischungen für schwierige Standorte
- Der beste Rasenmäher für Ihren Garten: Elektro-, Mulch-, Akku- oder Benzinmäher?
- Immer schön gerade: Kantenschneider & Trimmer
- Gerätegrundausstattung für die Rasenpflege
- Spezialgeräte wie Vertikutierer und Aerifizier-Geräte
- Ohne Schläuche geht es nicht, aber welcher ist der Richtige? Alle Schläuche im Überblick
- Regner und Automatische Bewässerung

↗ SEITE 41

Rasenanlage

- Von der Bodenvorbereitung bis zur perfekten Kante: Hier erfahren Sie alles über die Aussaat von Rasen, wie man Rollrasen verlegt und nach der Aussaat den Rasen optimal pflegt.
- Extra: Rasenkanten

↗ SEITE 53

Rasenpflege

- Vom richtigen Rasenmähen über Ränder und Kanten bis hin zur Düngung und Bewässerung. So gepflegt und gehegt wird und bleibt der Rasen richtig schön grün.
- Richtig Vertikutieren und Aerifizieren
- Extra: die richtige Rasenpflege vom Frühling bis zum Herbst und Winter.

↗ SEITE 77

Rasenprobleme

- Moos, Algen oder Flechten? Hier lesen Sie, wie sie diese unerwünschten Rasenkonkurrenten in Schach halten oder ihnen gar nicht erst eine Chance zum Wachsen geben.
- Dazu Tipps und Tricks, wie man die wichtigsten Unkräuter erkennt und auch los wird – oder mit ihnen zu leben lernt.
- Pilzkrankheiten erkennen und behandeln
- Wühlende Schädlinge und anderes Getier
- Extra: Umwelt- und Pflegeschäden und kahle Stellen reparieren
- Wenn nichts mehr hilft: So funktioniert eine komplette Rasensanierung

↗ SEITE 101

Blumenwiese

- Es muss nicht immer Rasen sein: Es gibt viele trittfeste Stauden und Bodendecker, die sich ebenso gut eignen.
- Oder soll es eine Blumenwiese oder ein Kräuterrasen sein?
- Hier erfahren Sie alles über die Bodenvorbereitung, wie man eine Wiese anlegt oder wie man einen Rasen in eine prächtig blühende Blumenwiese verwandelt.
- Extra: begehbare Bodendecker und Duftrasen

WAS FINDE ICH WO?

Alles auf einen Blick 02

Basics

Die wichtigsten Rasengräser 08
Die wichtigsten Rasentypen 10
Spezialmischungen 12
Pflegeleichtes Grün 14
Rasenmäher: Arbeitsweisen 16
Leise Mäher 18
Benzinmäher 20
Robotermäher 22
Kantenschneider & Trimmer 24
Praktische Helfer 26
Vertikutierer 28
Aerifizier-Geräte 30
Schläuche 32
Regner 34
Automatische Bewässerung 38

Rasenanlage

Bodenvorbereitung 42
Aussaat 44
Nach der Saat 46
Rollrasen verlegen 48
Rasenkanten 50

Rasenpflege

Rasen mähen 54
Mäh-Praxis 56
Ränder & Kanten 58
Düngen 60
Dünge-Praxis 62
Bewässern 64
Vertikutieren 66
Aerifizieren 68
Rasenpflege im Frühling 70
Rasenpflege im Sommer 72
Rasenpflege im Herbst 74
Rasenpflege im Winter 74

Rasenprobleme

Moos 78
Algen & Flechten 80
Häufige Unkräuter 82
Unkräuter bekämpfen 84
Pilzkrankheiten 86
Wühlende Schädlinge 90
Graswurzelfresser 92
Umwelt- & Pflegeschäden 94
Kahle Stellen reparieren 96
Komplette Rasensanierung 98

Blumenwiese & Blumenrasen

Graspartner & Alternativen 102
Blumenrasen & Kräuterrasen 104
Blumenwiesen 106
Mit Blumenwiesen gestalten 108
Vom Rasen zur Wiese 110
Blumenwiese neu anlegen 112
Begehbare Bodendecker 114
Duftrasen 116

Arbeitskalender 118
Faustzahlen 119

Service 120
Register 123
Bildnachweis 126
Impressum 127

KOSMOS SOFORTHELFER

DIE
42
SCHNELLSTEN
ANTWORTEN

ALLES FÜR DEN RASEN

IN VIELEN GÄRTEN IST DER RASEN DAS HERZSTÜCK. SEIN BERUHIGENDES GRÜN MACHT DEN GARTEN „WOHNLICH" UND BILDET DIE IDEALE KULISSE FÜR BLÜTENSCHÖNHEITEN UND MARKANTE PFLANZENGESTALTEN. AUF DEM GRÜNEN TEPPICH KANN MAN ENTSPANNEN ODER MIT DEN KINDERN SPIELEN. DAMIT SIE LANGE FREUDE AN IHREM RASEN HABEN, IST ES WICHTIG, SICH SCHON VOR DEM ANLEGEN ÜBER DIE MÖGLICHKEITEN UND EVENTUELLEN GRENZEN ZU INFORMIEREN.

GRÜN IST NICHT GLEICH GRÜN

Rasenmäher und Regner kaufen, Rasensamen ausstreuen oder Rollrasen verlegen, angießen und fertig – der Weg zum begehrten Grün ist meist nicht ganz so einfach. Eine sorgfältige Bodenvorbereitung, Anlage und Pflege sind unverzichtbar. Der erste wichtige Schritt ist die Auswahl einer für den eigenen Garten passenden Rasensaatmischung. Diese sollte möglichst gut auf die vorgesehene Nutzung und die vorhandenen Standortverhältnisse abgestimmt sein.

EINKAUF MIT ÜBERBLICK

Da fast jeder Gartenbesitzer über einen Rasen verfügt, ist das Angebot an Pflegezubehör gewaltig. Für nahezu jeden Zweck gibt es Hilfsmittel in den unterschiedlichsten Ausführungen und Preisklassen und immer wieder kommen vielversprechende Neuheiten hinzu. In diesem Kapitel können Sie sich dazu ab Seite 16 einen Überblick verschaffen.

GUT GERÜSTET MIT UMSICHT

Es kann Zeit und Nerven kosten, sich durch Gartenabteilungen, Prospekte und Websites zu wühlen, zumal die Hersteller oft verschiedene Bezeichnungen für ähnliche Utensilien wählen. Gründliches Informieren lohnt sich aber immer und bei größeren, teuren Geräten ist der Fachhändler die beste Adresse und bietet auch den nötigen Service.

DIE WICHTIGSTEN RASENGRÄSER

WORAUF
KOMMT ES AN?

- Gutes Rasensaatgut setzt sich aus sorgfältig ausgewählten Grasarten und -sorten mit unterschiedlichen Eigenschaften zusammen.
- Die Anteile der Grasarten in einer Rasenmischung entscheiden über ihre Eignung für verschiedene Verwendungszwecke und Standorte; z. B. als Zier- oder Strapazierrasen, für eher feuchte oder trockene Lagen.

WELCHE
RASENGRÄSER GIBT ES?

- Rund 15 Grasarten werden als Rasengräser genutzt. Neben den hier ausführlicher vorgestellten gehören dazu vor allem Straußgräser (*Agrostis*-Arten) und die recht schattenverträgliche Läger-Rispe (*Poa supina*).
- Optimale Rasengräser werden eigens für diesen Zweck ausgelesen und gezüchtet. Vom Deutschen Weidelgras gibt es über 100 Zuchtsorten, von dem Wiesen-Rispengras fast 50.

Deutsches Weidelgras

- Deutsches Weidelgras (*Lolium perenne*) bildet dichte Horste. Es ist sehr schnittverträglich, belastbar und somit für Gebrauchs-, Spiel- und Strapazierrasen prima geeignet.
- Es keimt schnell und regeneriert sich gut, so z. B. auch in Nachsaatmischungen. Seine Nährstoff- und Feuchtigkeitsansprüche sind recht hoch.

Wiesen-Rispengras

- Das Wiesen-Rispengras (*Poa pratensis*) keimt langsamer als das Weidelgras, sorgt aber mit unterirdischen Ausläufern bald für dichtes, gut verwurzeltes, schnittfestes Grün.
- Mit hohem Nährstoffbedarf, aber etwas trockenheitsverträglicher ist sie in Gebrauchs- und Strapazierrasen die ideale Ergänzung zum Weidelgras.

KOSMOS
SOFORTHELFER

Regelsaatgutmischungen (RSM) gewährleisten erprobte, genau festgelegte Gräserkombinationen mit hoher Saatgutqualität. RSM 2.3 steht z. B. für eine robuste Gebrauchs- und Spielrasenmischung. Doch auch bei Markenprodukten, die solche Kennzeichnungen nicht verwenden, kann man von sorgfältiger Zusammenstellung und kontrollierter Qualität ausgehen.

Schwingel-Arten

- Die Schwingel *(Festuca)* wachsen als horst- oder ausläuferbildende, gut schnittverträgliche Gräser.
- Sie sind feinblättriger als Weidelgras und Wiesen-Rispengras und weniger strapazierfähig, haben aber auch einen geringeren Wasser- und Nährstoffbedarf.

Rotschwingel im Zierrasen

- Horst-, Ausläufer- und Kurzausläufer-Rotschwingel *(Festuca nigrescens* und *F.-rubra*-Unterarten) bilden eine ansprechende, gleichmäßige Grasnarbe und dominieren in Zierrasenmischungen.
- Derbere, robuste Arten und Sorten wie Schafschwingel *(F. ovina)* eignen sich für Landschaftsrasen in Trockenlagen.

DIE WICHTIGSTEN RASENTYPEN

WIE VIELSEITIG
SIND „ALLROUND"-RASEN?

- Obwohl Gebrauchsrasenmischungen gern als Allround- oder Universalrasen gepriesen werden, sind sie nicht für jeden Standort oder alle Verwendungen geeignet.
- Für trockene, nährstoffarme, sandige oder beschattete Partien verwenden Sie besser Spezialrasen (siehe S. 12/13) oder Rasen-Alternativen (S. 100 bis 117).

WAS VERBIRGT
SICH HINTER SCHÖNEN NAMEN?

- „Englischer Rasen" verspricht elegantes, sattes Grün – ist aber keine verlässliche Angabe für eine Gräserzusammenstellung. Teils handelt es sich um Mischungen aus Zier- und Gebrauchsrasen, teils um verschiedene Golfrasentypen, die sehr intensive Pflege verlangen.
- Als „Teppichrasen" werden Zierrasen oder Mischformen aus Zier- und Gebrauchsrasen angeboten.
- Prüfen Sie bei allen „Fantasienamen" genau die Angaben zur Nutzung, Strapazierfähigkeit und Gräserzusammenstellung.

Gebrauchsrasen

- Gebrauchsrasenmischungen sind strapazier- und anpassungsfähig – und bleiben auch bei durchschnittlicher Pflege und häufigem Betreten ansehnlich.
- Den Standard setzt hier die Regelsaatgutmischung RSM 2.3: Ein Gebrauchs- und Spielrasen, der das Herumtollen der Kinder ebenso verträgt wie die Nutzung als Liegewiese.

Ähnliche Rasentypen

- Entsprechende Rasenmischungen werden auch unter Bezeichnungen wie Universal- und Allzweckrasen angeboten.
- „Aktivrasen", „Wunderrasen", „Premiumrasen": Solche Bezeichnungen stehen meist für Gebrauchsrasen mit hohem Anteil an schnellwüchsigen Weidelgras-Sorten *(Lolium perenne)*; teils mit durchaus guter Qualität.

Sport - und Strapazierrasen

- Wo der Rasen oft und stark belastet wird und Ballspielen Spaß ohne Reue bereiten soll, ist ein Sportrasen (RSM 3.1) die Mischung der Wahl.
- Ähnlich robuste Mischungen sind auch als Strapazierrasen oder Sport- und Spielrasen im Handel.

Zierrasen

- Soll dichtes, feinblättriges, gleichmäßiges Grün vor allem das Auge erfreuen, ist Zierrasen (RSM 1.1) die erste Wahl.
- Solche repräsentativen Rasenflächen sind nur mäßig belastbar und erfordern sehr regelmäßiges Mähen, Bewässern und Düngen, um nachhaltig gut auszusehen.

KOSMOS

SOFORTHELFER

Als „altbewährte" Rasensaat wird immer wieder der „Berliner Tiergarten" gerühmt und angeboten. Tatsächlich ist das aber kein fest definierter Gräsermix: Im besten Fall handelt es sich um einen ganz passablen Gebrauchsrasen, im schlimmsten Fall um eine Billigmischung aus wuchernden Futtergräsern, die kaum einen dichten Teppich bilden können.

SPEZIALMISCHUNGEN

WO LOHNEN SICH
SPEZIALMISCHUNGEN?

- Gute Gebrauchs- und Sportrasenmischungen sind recht anpassungsfähig. Bei sorgfältiger Bodenvorbereitung und Pflege wachsen sie auch unter schwierigeren Verhältnissen befriedigend.
- Wenn aber der Standort sehr trocken, stärker beschattet ist oder das Grün extrem strapaziert wird, besser Spezialmischungen mit ausgewählten Gräsern säen.

WELCHER RASEN
IST EMPFEHLENSWERT?

- Bei diffizilen Anforderungen lohnt es sich besonders, die Regelsaatgutmischungen (RSM) samt ihren etwas „bürokratisch" wirkenden Zahlenkürzeln kennenzulernen.
- Wo Pflegeleichtes gefragt ist, können außerdem Mikro-Klee-, Landschafts- oder Blumenrasen weiterhelfen (siehe S. 14/15).

Rasen für trockene Standorte

- Gebrauchsrasen für Trockenlagen bieten die Regelsaatgutmischungen RSM 2.1 und RSM 2.2. Die Letztere ist grobblättriger, aber auch belastbarer und sehr gut hitzeverträglich.
- Für ausgesprochen trockene, stark besonnte Plätze gibt es Landschaftsrasen-Mischungen (S. 14) als pflegeleichte Alternative.

Parkplatz- & Schotterrasen

- Der Parkplatzrasen RSM 5.1 ist eine Mischung, die sich selbst bei häufigem Befahren willig regeneriert.
- Sehr strapazierfähig sind außerdem gute Schotterrasenmischungen, z. B. „Schotterrasen DSV 530".
- Mit solchen Mischungen lassen sich auch Gittersteine und Pflasterfugen dauerhaft begrünen.

KOSMOS
SOFORTHELFER
Sogar auf einem geräumigen Flachdach lässt sich ein begehbarer Rasen anlegen. Das erfordert allerdings viel Aufwand und intensive Pflege. Einfacher gestaltet sich eine extensive Dachbegrünung (z. B. mit der Mischung RSM 6.1). Da Gründächer das Lokalklima verbessern und die Abwasseranlagen entlasten, werden sie vielerorts durch Zuschüsse gefördert.

Rasen im Schatten

- Unter den „offiziellen" Regelsaatgutmischungen gibt es keinen ausgewiesenen Schattenrasen.
- Denn wo kaum Sonne hinfällt, kommen selbst schattenverträgliche Gräser an ihre Grenzen; ebenso unter Nadelbäumen und flach wurzelnden Gehölzen. Hier sind oft Bodendecker die bessere Wahl (siehe auch S. 114/115).

Am schönsten im Halbschatten

- Sogenannte Schattenrasen-Mischungen zeigen vor allem im Halbschatten und bei leichter Beschattung gute bis sehr gute Ergebnisse.
- Sie sind jedoch nicht ganz so belastbar wie normaler Gebrauchsrasen. Und die Bodenverhältnisse müssen stimmen (nicht verdichtet, nicht zu trocken).

PFLEGELEICHTES GRÜN

WAS
BEDEUTET „LANDSCHAFTSRASEN"?

- Dabei handelt es sich um Profimischungen, wie sie im öffentlichen Grün und in Naturräumen eingesetzt werden.
- Strapazierfähig und pflegeleicht, leisten sie auch im Garten gute Dienste, selbst an „unwirtlichen" Standorten.
- Landschaftsrasen bestehen aus Gräsern, die man mehrmals im Jahr auf 6 bis 8 cm Höhe mähen kann. Dadurch sind sie besser begehbar als Wiesenmischungen.

WAS
SIND „KRÄUTER" IM RASEN?

- Gärtner denken bei Kräutern meist an aromatische Pflanzen. Bei Rasenmischungen wird der Begriff aber „botanisch" verwendet: für zweikeimblättrige, ausdauernde Blütenpflanzen, im Gegensatz zu den einkeimblättrigen Gräsern.
- „Kräuter" sind hier also blühende Wildstauden, z. B. Schafgarbe, Gänseblümchen, Wegerich, Braunelle, Wiesenknopf und Thymian – egal, ob sie duften oder nicht.

Rasen mit Mikro-Klee

- Die Bezeichnungen „Mikro-Klee" und „Microclover" stehen für Weißkleezüchtungen mit sehr kleinen Blättern, die mit Rasengräsern kombiniert werden.
- Solche Mischungen bilden strapazierfähige Teppiche, die kaum Düngung brauchen, Trockenheit ziemlich gut vertragen und selbst über Winter grün bleiben. Gemäht wird ebenso häufig wie bei einem normalen Rasen.

Landschaftsrasen

- Für extreme Trockenlagen und sonnige Böschungen eignet sich Landschaftsrasen vom Typ RSM 7.2.1 (ohne Kräuter) oder RSM 7.2.2 (mit rund 3 % Kräuteranteil).
- Außerdem gibt es Mischungen für feuchte, staunässegefährdete Lagen (RSM 7.3) sowie für halbschattige Bereiche (RSM 7.4).

Blumen- & Kräuterrasen

- Blumen- und Kräuterrasen sind pflegeleichte Gräsermischungen mit einem Anteil von bis zu 20 % Blütenstauden.
- Sie sorgen für Wiesenflair, versprechen aber, anders als Blumenwiesen, kein buntes Blütenmeer – sondern (viel realistischer) naturnahe Grünflächen mit bunten Blütentupfern, vor allem im Frühjahr.

Begehbare Wiesen

- Blumen- und Kräuterrasen bleibt niedriger als eine Blumenwiese, ist mäßig trittfest und kann drei bis sechsmal im Jahr gemäht werden (dies einfach mit dem Rasenmäher).
- Er entwickelt sich am besten an sonnigen Plätzen auf eher nährstoffarmen Böden (siehe auch S. 104/105).

KOSMOS

SOFORTHELFER

Blumenrasen und Wiesenblumenmischungen sind nicht dasselbe: Teils werden unter diesen Bezeichnungen auch Mischungen aus Wildblumen angeboten, die überhaupt keine Gräser enthalten. Das kann kurzzeitig sehr attraktiv aussehen, taugt aber nicht als „Rasen". Achten Sie auf einen Gräser-anteil von mindestens 80 %. Die Kennzeichnung „Kräuterrasen" ist im Zweifelsfall verlässlicher.

RASENMÄHER: ARBEITSWEISEN

WAS
SPRICHT FÜR SPINDELMÄHER?

- Der Schnitt erfolgt sehr exakt und sauber und zugleich schonend, sodass er recht tief angesetzt werden kann.
- Spindelmäher sind ideal für einen attraktiven Zierrasen. Sie verleihen aber auch einem Gebrauchsrasen ein ansprechendes Aussehen, wenn sie regelmäßig eingesetzt werden.
- Wer das Pflegebild eines „englischen Rasens“ anstrebt, sollte einen Spindelmäher bevorzugen.

WAS
SPRICHT FÜR SICHELMÄHER?

- Sichelmäher sind robust und eignen sich vor allem für Gebrauchs- und Strapazierrasen.
- Bei hoher Motorleistung und Drehzahl schaffen solche Mähwerke auch üppigen Aufwuchs und sogar kräftige Stängel in wiesenähnlichen Grünflächen.
- Stark beanspruchte Messer lassen sich leicht schärfen oder austauschen.

Spindelmäher

- Hier sitzen meist 5 spindelartig angeordnete Messer auf einer horizontalen Walze. Diese drücken beim Drehen die Gräser gegen eine feststehende Klinge und schneiden sie dort ab – wie eine Schere.
- Spindelmäher werden hauptsächlich als (preisgünstige) Handmäher angeboten. Elektro- und Benzingeräte sind oft recht teuer.

Sichelmäher

- Nach diesem Prinzip arbeiten die meisten Mäher: Ein langes, breites, an beiden Enden scharfes Messer rotiert horizontal um die eigene Achse und schlägt das Gras wie eine Sichel ab.
- Die Auswahl ist groß, es gibt Elektro- oder Benzinmäher und Modelle für kleine oder große Flächen.

KOSMOS

SOFORTHELFER

Als sehr wendige Sichelmäher, z. B. für verwinkelte Flächen, werden Luftkissen- und Lenkmäher angeboten. Die leichten Luftkissenmäher „schweben" auf einem Luftstrom knapp über dem Boden und eignen sich auch gut für Hanglagen. Hohes Gras schaffen sie allerdings nur schlecht. Lenkrasenmäher lassen sich über ihre beweglichen Holme sehr flexibel steuern.

Mulchmäher

- Mulchmäher haben in der Regel ein Sichelmähwerk sowie zusätzliche Vorrichtungen, um das Schnittgut sehr fein zu zerkleinern, sodass es auf dem Rasen liegen bleiben kann.
- Für Mäher mit Fangkorb gibt es teils „Mulchkits" zum Umrüsten. Moderne Mäher bieten oft ein einfaches Umschalten zwischen Fangkorb- und Mulchbetrieb, meist mit Seitenauswurf.

Vorteile des Mulchmähens

- Das zerkleinerte Mähgut verrottet recht schnell. Als feine Mulchschicht auf der Rasenfläche vermindert es das Austrocknen und führt dem Boden beim Zersetzen regelmäßig Nährstoffe zu.
- Der Rasen muss zwar etwas häufiger gemäht werden; dafür entfällt der Aufwand für das Entfernen des Grasschnitts.

LEISE MÄHER

WIE
BREIT SOLL DER MÄHER SEIN?

- Bis 100 m² Fläche genügen 28 bis 35 cm Schnittbreite, bis 200 m² 35 bis 40 cm.
- Schnittbreiten über 40 cm sind erst ab 500 m² sinnvoll und finden sich nur bei leistungsstarken Elektromähern und Benzinmähern.

WANN
DARF ICH MÄHEN?

- Rasenmähen ist nur von 7 bis 20 Uhr und nicht an Sonn- und Feiertagen erlaubt: Dies gilt nach der Geräte- und Maschinenlärmschutz-Verordnung grundsätzlich für alle motorbetriebenen Mäher, also auch für Elektro- und Akkumäher.
- In manchen Bundesländern sowie Gemeinden gibt es noch weitergehende Einschränkungen, häufig z. B. kein Mähen zwischen 13 und 15 Uhr.
- Mancherorts sind Elektromäher mit dem Umweltzeichen für Lärmarmut von den strengeren Regelungen ausgenommen, andernorts (aber selten) gelten die Verbote sogar für Handmäher. Erkundigen Sie sich im Zweifelsfall bei Ihrer Gemeindeverwaltung.

Handmäher

- Leise, preiswert und mit Spindelmähwerk ausgestattet: Für kleine Flächen sind Handmäher die beste Lösung.
- Bei regelmäßigem Schnitt ist der Handbetrieb dieser Geräte nur mäßig anstrengend. Je nach eigener „Fitness" und Rasenzustand lassen sich 100 bis 200 m² gut bewältigen.

Elektromäher

- Elektromäher sind meist leiser als Benzinmäher und natürlich abgasfrei.
- Sie benötigen dafür eine gut erreichbare Steckdose – unbedingt mit Fehlerstrom-Schutzschalter! Und Sie müssen stets das Stromkabel geschickt führen, damit es sich weder verheddert noch versehentlich überfahren wird.

KOSMOS
SOFORTHELFER
Soll das Schnittgut nicht als Mulch liegenbleiben, ist ein ausreichend großer, leicht abnehmbarer Grasfangkorb wichtig. Handmäher haben allerdings oft keinen Fangkorb, da er die Bewegungsfreiheit einschränken kann – und wenn doch, klappt das Auffangen nicht immer optimal. In dem Fall müssen Sie also etwas Zusatzaufwand für das Abharken einrechnen.

Akkumäher

- Akkumäher haben dieselben Vorzüge wie Elektromäher, aber noch einen weiteren Vorteil: kein lästiges Kabel beim Mähen.
- Allerdings erhöht der Akku das Gewicht; und er muss rechtzeitig wieder aufgeladen werden. Eine Ladung reicht bei trockenem, nicht allzu hohem Gras meist für rund 250 m².

Akkus und Aufladung

- Lithium-Ionen-Akkus haben sich weitgehend durchgesetzt (gekennzeichnet durch das Kürzel „Li".) und die Nickel- oder Blei-Akkus mit dem nachteiligen „Memory"-Effekt abgelöst.
- Das Aufladen dauert bei modernen Geräten meist nur 1 bis 2 Stunden.
- Ersatzakkus sind relativ teuer, lohnen aber, wenn man größere Flächen ohne Ladepause mähen will.

BENZINMÄHER

WORAUF

SOLLTE ICH ACHTEN?

- Sehr wichtig ist eine bequeme Handhabung, vor allem beim Verstellen von Schnitthöhe und Griffholmen, und eine einfache Wartung, z. B. beim Einfüllen von Öl und beim Zündkerzenwechsel.
- Für Markengeräte finden sich leichter Ersatzteile und kundige Servicebetriebe als für Billigprodukte.

WIE

BLEIBT DER RASENMÄHER FIT?

- Entfernen Sie nach jedem Einsatz Grasreste im Mähgehäuse, besonders gründlich vor der Winterpause. Schmieren Sie Gelenke und Lager ab und zu mit einem geeigneten Sprüh-Öl.
- Entleeren Sie vor dem Winter den Tank und lassen Sie die Messer am besten jährlich von einem Fachbetrieb schärfen.
- Wechseln Sie das Öl nach jeder Winterpause. Kontrollieren Sie regelmäßig Zündkerzen und Luftfilter und tauschen Sie diese rechtzeitig aus.

Benzinmäher

- Hier haben Sie die größte Auswahl: vom preiswerten Sichelmäher für kleine und mittlere Flächen über robuste „Arbeitstiere“, die bis 1500 m² problemlos schaffen, bis zum exklusiven Spindelmäher für den Zierrasen.
- Geräte mit Radantrieb erleichtern das Mähen großer Flächen sowie auf unebenem Gelände.

Motor & Startsystem

- Fast alle heutigen Mäher haben einen Viertaktmotor. Es gibt aber auch Modelle mit schadstoffarmem Zweitaktmotor (mit Benzin-Öl-Gemisch zu betanken), der durch seine Robustheit und geringeres Gewicht Vorteile bietet.
- Das Anwerfen mit Hand- oder Seilzugstarter gelingt bei modernen Mähern recht mühelos. Als elegante Alternative werden Elektrostarter angeboten.

KOSMOS
SOFORTHELFER
Das Vermeiden von Unfällen ist oberstes Gebot! Achten Sie beim Kauf auf das GS-Zeichen für „geprüfte Sicherheit". Ein Sicherheitsbügel stoppt beim Loslassen umgehend den Motor. Tragen Sie beim Mähen immer feste Schuhe, am besten auch lange, feste Hosen. Wo Steinchen oder Zweigstücke auffliegen können, empfiehlt sich eine Schutzbrille.

Aufsitzmäher & Rasentraktoren

- Beim Aufsitzmäher sitzen Sie direkt über dem Motor. Diese wendigen Mäher sind zwar nicht gerade billig, können sich aber schon ab 400 m² Rasenfläche rentieren – z. B., wenn man nicht mehr allzu gut „zu Fuß" ist.
- Bei den leistungsfähigeren, teureren Rasentraktoren befindet sich der Motor (unter einer Haube) vor dem Sitz. Sie lohnen sich erst ab einer Fläche von 1000 m².

Balken- & Wiesenmäher

- Balkenmäher sind die „Experten" für hohes Gras in Wiesen, Landschafts- und Blumenrasen.
- Wo sich der normale Mäher schwertut und sensen viel Zeit kostet, stutzen Balkenmäher den Aufwuchs schnell und mühelos. Die noch kraftvolleren Wiesenmäher schaffen sogar dünnes Gestrüpp.

Zweitnutzung zum Schneeräumen

- Teils können Balkenmäher – ebenso wie manche Rasentraktoren – mit Schneeschild und -ketten für den Winterdienst umgerüstet werden.
- Wenn man Balkenmäher allerdings nur dreimal im Jahr braucht, ist es besser, sich einen auszuleihen oder einen Fachbetrieb mit dem Mähen zu beauftragen.

MÄHROBOTER

WAS
SIND MÄHROBOTER?

- Diese Geräte fahren und mähen automatisch in Bereichen, die durch Begrenzungsdrähte festgelegt werden.
- Mähroboter beziehen ihre Energie aus einem Akku und arbeiten entsprechend leise. Sogenannte Solar-Hybrid-Mäher sparen Strom, indem sie bei gutem Wetter die Sonnenenergie nutzen.
- Alle Mähroboter sind Mulchmäher: Der Grasschnitt bleibt fein zerkleinert auf der Fläche liegen.

WIE ZUVERLÄSSIG
ARBEITEN MÄHROBOTER?

- Wenn Sie nach Beratung in einem Fachbetrieb ein geeignetes Gerät wählen und alles richtig installiert wird, können Sie mit verlässlicher „Roboterarbeit“ rechnen – und bei regelmäßigem Einsatz mit einem zufriedenstellenden Mähergebnis.
- Es empfiehlt sich allerdings, gelegentlich nach dem Rechten zu sehen. Kinder niemals im Arbeitsbereich eines Mähroboters spielen lassen!

Akku & Stromversorgung

- Die meisten Mähroboter sind mit einer Ladestation (teils mitsamt Dach) ausgestattet. Dort können sie ihren Akku selbsttätig wieder aufladen.
- Für den Betrieb ist eine Außensteckdose (mit Fehlerstrom-Schutzschalter) erforderlich. Von dieser führt ein Stromkabel (per Transformator mit Niederspannung) zur Ladestation.

Markieren des Arbeitsbereichs

- Bei den Begrenzungsdrähten handelt es sich um dünne Kabel mit (ungefährlichem) Schwachstrom. Sie werden mit Haken am Boden fixiert oder etwas eingegraben.
- Über diese Kabel können auch getrennte Rasenflächen miteinander verbunden werden.
- Hindernissen weichen Mähroboter mithilfe von Sensoren aus.

KOSMOS SOFORTHELFER

Fragen Sie vor dem Kauf nach den Sicherheitsvorrichtungen: Wichtig sind ein leicht erkennbarer, schnell erreichbarer Notausschalter und eine Kindersicherung, die unbefugtes Starten ausschließt. Der Mäher muss sofort stoppen, sobald er ein wenig angehoben wird oder in eine kippgefährdete Stellung gerät.

Mähen wie von Geisterhand

- Die meisten Modelle fahren nach dem Zufallsprinzip kreuz und quer, hinterlassen aber eine gleichmäßig geschnittene Grünfläche.
- Direkt an den Begrenzungsdrähten sowie z. B. an Mauern und Hindernissen bleiben Grasränder stehen, die man nachschneiden muss.

Technische Handhabung

- Installation und Programmieren, z. B. der Mähzeiten, ist nicht schwer; im Zweifelsfall zieht man einen Fachmann hinzu. Als Plus erweist sich ein übersichtliches Bedienfeld am Mäher.
- Als Diebstahlsicherung dient meist ein Sicherheits-PIN-Code. Teils erklingen auch Alarmtöne, wenn irgendwelche „Unregelmäßigkeiten“ auftauchen.

KANTENSCHNEIDER & TRIMMER

WELCHE
KANTENSCHNEIDER GIBT ES?

- Bei kaum einer anderen Gerätegruppe herrscht ein solches Begriffswirrwarr wie bei den Rasenkantenschneidern. Sinnvollerweise unterscheidet man zwischen:
- Grasscheren mit scherenartigen, teils gezackten Klingen; Hand- oder Akkubetrieb
- Rasenkanten-Schneidroller mit rotierenden Stahlscheiben oder Messerkränzen, teils unterstützt durch eine Laufrolle; nur Handbetrieb
- Rasentrimmer mit rotierenden Nylonfäden auf einer auswechselbaren Spule; Akku- oder Stromkabelbetrieb

WORAUF
SOLLTE ICH ACHTEN?

- Nehmen Sie sich Zeit für das Sichten des umfangreichen Angebots und überlegen Sie genau, was sich für Ihre Zwecke am besten eignet.
- Scheuen Sie sich nicht vor ausgiebigen „Luftübungen" beim Kauf: Wie liegen die Geräte in der Hand, wie leicht sind sie zu bedienen, wie fühlt sich der Umgang damit an?

Hand-Grasscheren

- Mit recht preiswerten, mechanischen Grasscheren lassen sich schnell und gezielt Büschel nachschneiden, Beetränder säubern sowie ganze Rasenkanten stutzen, wenn diese nicht allzu lang sind.
- Ergonomische Griffe und gute Mechaniken entlasten die Handgelenke.
- Grasscheren mit drehbarem Schneidkopf kommen in fast jeden Winkel.

Akku- Grasscheren

- Akku-Grasscheren sind ebenso wendig wie mechanische Scheren und schneiden ohne Kraftaufwand auch längere Rasenkanten bequem – wenn der Akku rechtzeitig nachgeladen wird.
- Für komfortables Schneiden ohne Bücken gibt es Akku- und Hand-Grasscheren mit verstellbaren Stielen.

Rasenkanten-Schneidroller

- Diese Geräte trennen an den Rändern überhängende oder z. B. in Beete hineingewachsene Gräser sauber ab.
- Sie sind gestielt und werden im Stehen mit etwas Druck über die Kante gezogen.
- Sie eignen sich allerdings nicht, um etwas breitere Grasstreifen zu stutzen.

Rasentrimmer & Motorsensen

- Wo sehr lange Kanten und viele Ecken auszuputzen sind, kann sich ein Rasentrimmer lohnen, wahlweise mit Akku oder Elektrokabel sowie einer Nylonfadenspule.
- Mit leistungsstarken Trimmern lassen sich sogar kleine Wiesen mähen. Noch mehr „Power" bieten die – allerdings lauten – Motorsensen mit Benzinmotoren und Metallmessern.

KOSMOS

SOFORTHELFER

Wählen Sie bei Akku-Grasmähern und Rasentrimmern am besten Geräte von namhaften Herstellern. Denn diese bieten nicht nur meist gute Qualität und sicheren Betrieb: Hier können Sie auch damit rechnen, noch in Jahren ohne Mühe passendes Zubehör (z. B. Fadenspulen, Austauschmesser) zu finden. Gute Geräte haben in der Regel Lithium-Ionen-Akkus.

PRAKTISCHE HELFER

WAS GEHÖRT
ZUR GRUNDAUSSTATTUNG?

- Ein Fächerbesen und, sofern nicht gemulcht wird, ein Rasenrechen sind stets lohnende Anschaffungen.
- Ein Hand-Unkrautstecher hilft nicht nur im Rasen, sondern auch, um im Beeten, Löwenzahn, Disteln & Co. zu entfernen.
- Weiteres Zubehör legt man sich besser erst zu, nachdem die Alltagspraxis zeigt, was noch sinnvoll sein könnte.

WAS SIND
KOMBINATIONSGERÄTE?

- Mehrere Hersteller bieten Kombinations-, System- oder „Multi"-Geräte an: Hier können Sie einen Stiel für verschiedene Werkzeuge wie Fächerbesen, Rechen oder Grubber nutzen. Diese lassen sich mit einfachen Handgriffen austauschen.
- Praktisch sind dabei zwei Stiele verschiedener Länge, z. B. 130 cm und 150 cm. Es gibt auch ausziehbare Teleskopstiele.

Geräte zum Abharken

- Selbst beim Mulchmähen gibt es immer mal etwas abzuharken, sei es beim Nachschneiden der Ränder oder beim herbstlichen Laubfall.
- Gartenübliche Rechen können gelegentlich zum leichten Vertikutieren eingesetzt werden (siehe S. 66/67). Doch für häufiges Abharken sind sie zu „grob".

Fächerbesen & Rasenrechen

- Fächerbesen beseitigen schonend, aber effektiv Grasschnitt und lose Moosreste. Bei Verstellbesen kann die Fächerbreite variiert werden.
- Rasenrechen sind meist 60 cm breit und trotzdem leicht, mit dicht stehenden, etwas nach innen gebogenen Zinken, und haben Bügel zum Auffangen von Schnittgut und Laub.

KOSMOS
SOFORTHELFER
Streuwagen helfen, Dünger und Saatgut auf der Fläche zu verteilen. Die Praxiserfahrungen sind allerdings unterschiedlich: Vor allem preiswerte Wagen streuen nicht immer gleichmäßig und neigen bei etwas feuchtem Streugut zum Verstopfen. Gute Handstreugeräte (Rotationsstreuer) arbeiten zuverlässiger und eignen sich auch für verwinkelte Flächen.

Rasenkantenstecher

- Wo der Rasen ohne Einfassung an Beete grenzt, sollten die Ränder des Öfteren sauber abgetrennt werden.
- Das geht zwar auch mit einem scharfen Spaten; dessen leicht gewölbtes Blatt erschwert aber akkurates Arbeiten.
- Besser eignet sich dafür ein Kantenstecher mit einem kräftigen, halbmondförmigen Stahlblatt.

Unkrautstecher

- Kompakte Hand-Unkrautstecher lassen sich recht leicht einstechen und hinterlassen eher kleine Löcher.
- Stielgeräte ersparen das Bücken und schaffen auch größere Unkräuter mit geringem Kraftaufwand. Hier lohnt sich gründliches Umsehen, denn die Geräte haben je nach Hersteller unterschiedliche Arbeitsweisen und Vorzüge.

VERTIKUTIERER

WOFÜR BRAUCHT MAN EINEN VERTIKUTIERER?

- Mit der Zeit bildet sich an der Bodenoberfläche ein Filz aus Mähgutresten, abgestorbenen Wurzeln und Moos.
- Vertikutierer zerschneiden diesen Filz mit scharfen Messern und reißen ihn aus, sodass der Rasen wieder mehr Luft bekommt und besser Wasser und Nährstoffe aufnehmen kann.

WAS SIND „RASENLÜFTER"?

- Unter dieser Bezeichnung werden unterschiedliche Geräte angeboten. Teils handelt es sich um Handvertikutierer mit starren Messern, teils um Hand- oder Motorgeräte zum Aerifizieren.
- Bei manchen Motorvertikutierern kann die Vertikutierwalze durch eine sogenannte Lüfterwalze ausgetauscht werden. Diese ist mit krallenartigen Federzinken besetzt und soll schonend Moos und Filz herausziehen.

Handvertikutierer

- Mit preiswerten Handvertikutierern lässt sich gezielt und gründlich arbeiten. Doch das kostet Zeit und Muskelkraft. Wer damit mehr als 50 oder gar 100 m² bewältigen will, sollte Spaß am Fitnesstraining haben.
- Die einfachsten Handvertikutierer ähneln Rechen mit kräftigen, starren Messern und werden auch als Schneidrechen bezeichnet.

Pendel- & Rollvertikutierer

- Handvertikutierer mit pendelnd gelagerten Messern sparen etwas Kraft und das ständige Säubern der Stahlzähne per Hand: Das Vertikutiergut kann man durch Zurückstreichen in Gegenrichtung einfach abstreifen.
- Rollvertikutierer mit Rädern arbeiten bequemer, teils aber unbefriedigend, wenn die Fläche uneben ist.

KOSMOS
SOFORTHELFER

Die Vorzüge des Vertikutierens haben sich herumgesprochen; entsprechend umfangreich ist das Angebot, besonders bei den Elektrovertikutierern. Hier kann man grundsätzlich nur zum sorgfältigen Informieren raten – und zum Überlegen, ob nicht das gelegentliche Ausleihen in Gartencentern, Baumärkten oder im Gerätehandel unterm Strich sinnvoller ist.

Motorbetriebene Vertikutierer

- Mit Elektro- und Benzingeräten geht das Vertikutieren einfacher. Hier sitzen Federstahlmesser auf einer rotierenden Walze, deren Arbeitstiefe in mehreren Stufen oder auch stufenlos verstellbar ist.
- Viele Geräte haben einen Fangkorb, der allerdings die Reste nicht immer so zuverlässig aufnimmt, wie vom Mäher gewohnt.

Ganz nach Bedarf

- Das Angebot reicht von Elektrovertikutierern unter 100 € bis zu leistungsstarken Benzinern ab 250 € aufwärts, mit Arbeitsbreiten zwischen 30 und 50 cm.
- Für Flächen zwischen 100 und 600 m^2 sind Elektrogeräte meist ausreichend. Mit starkem Rasenfilz haben allerdings nicht nur preiswerte Elektrovertikutierer öfter ihre Probleme.

AERIFIZIER-GERÄTE

WOFÜR BRAUCHT
MAN EINEN AERIFIZIERER?

- Ein Aerifizierer ist ein wirklicher „Rasenlüfter“: Er lässt verdichtete Rasenflächen regelrecht aufatmen.
- Zugleich fördert ein Aerifizierer den Wasserabfluss und beugt so Staunässe und Moosbildung vor. Auch die Nährstoffaufnahme wird verbessert.
- Die vom Aerifizierer ausgestochenen Löcher oder Schlitze werden anschließend am besten mit Sand oder einem Sand-Humus-Gemisch aufgefüllt.

WIE TIEF
WIRD AERIFIZIERT?

- Zum gründlichen Belüften sollten die Löcher oder Schlitze wenigstens 8 cm tief reichen.
- Motorgeräte schaffen teils sogar bis 25 cm Tiefe, erreichen also auch die Bodenschicht unter der Hauptwurzelzone der Gräser.

Aerifiziergabel

- Eine Aerifiziergabel hat 2 bis 5 Hohlzinken („Spoons“), die meist 8 bis 12 cm lang sind. Diese stechen Löcher in den Boden und werfen dabei kleine Erdpropfen auf, die man dann abrecht.
- Auch mit einer Trittstange erfordert das Ganze Kraftaufwand und bei tonhaltigem Boden müssen die Hohlzinken oft von Verstopfungen befreit werden.

Andere Hand-Aerifizierer

- Manche Aerifiziergabeln ähneln einer Grabegabel, haben aber Hohlzinken zum Ausstechen.
- Wird eine Stachelwalze bzw. ein Roll-Rasenlüfter über den Rasen gezogen, bohren sich 2 bis 4 cm lange Stahlstifte in den Boden. Wegen der geringen Arbeitstiefe und des teils schweren Durchziehens ist man mit einem Hand-Vertikutierer oft besser bedient.

KOSMOS

SOFORTHELFER

Soll eine große Rasenfläche aerifiziert werden, sollte man eine Gartenbaufirma beauftragen. Diese kann mit effektiven Maschinen anrücken und so intensiv belüften, dass es für längere Zeit ausreicht. Ansonsten lässt sich das Aerifizieren oft auf Partien beschränken, die durch häufiges Begehen verdichtet sind.

Motorbetriebene Aerifizierer

- Motorgeräte mit Drahtkrallen oder Stachelwalzen zum Anhängen an Aufsitzmäher können im Einzelfall hilfreich sein, arbeiten aber nur oberflächlich.
- Zum wirklichen Aerifizieren bedarf es sehr leistungsstarker Motorgeräte, die in der Regel für den Hobbygarten viel zu teuer sind.

Ausleihen: nicht ganz einfach

- Meist genügt es, alle paar Jahre zu aerifizieren, sodass sich das Ausleihen von Geräten anbietet.
- Das kann allerdings je nach Wohnort mühsam werden: Garten- und Baumärkte haben Aerifizierer recht selten im Verleihprogramm.
- Hier hilft zuweilen eine Suche im Internet weiter; manchmal hat man auch im Landmaschinenhandel Glück.

SCHLÄUCHE

WIE GROSS SOLL DER
SCHLAUCHDURCHMESSER SEIN?

- Für das Brausen per Hand sind die leichten und recht preiswerten ½-Zoll-Schläuche meist ausreichend.
- Zum Betrieb von mehreren Regnern sowie für sehr lange Schläuche und Rohre ist ein größerer Durchmesser (ab ¾ Zoll) besser, weil hier der Druckverlust deutlich niedriger ist.

WIE STEHT'S
MIT DEM WASSERDRUCK?

- Der Eingangswasserdruck liegt je nach Ortslage zwischen 2 und 8 bar. Er lässt sich beim Wasserversorger erfragen oder mit einem Manometer überprüfen.
- Bei einem Wasserdruck unter 3 bar wird das Beregnen manchmal mühsam. Hier helfen eine Gartenpumpe oder ein Hauswasserautomat weiter.
- Ein Wasserdruck über 5 bar kann empfindliche Regner und anderes Zubehör strapazieren, sodass eventuell der Einbau eines Druckminderers nötig wird.

Auf Qualität achten

- Gute Schläuche bestehen aus PVC oder hochwertigem Gummi (EPDM) mit verstärkendem Innengewebe.
- Sie sind UV- und witterungsstabil, abrieb- und knickfest und halten einen Berstdruck von wenigstens 20 bar aus.
- Markenhersteller gewähren für ihre Schläuche mindestens 8 bis 10 Jahre Garantie.

Länge nach Bedarf

- Gartenschläuche werden in Längen zwischen 10 und 50 m angeboten.
- Für Beregnen mit der Brause und frei platzierte Regner bewährt sich ein großzügig bemessener Schlauch mit einer Reserve von einigen Metern.
- Schlauchtrommeln, Schlauchwagen und Führungsrollen erleichtern den Umgang mit langen Schläuchen.

KOSMOS
SOFORTHELFER
Bewässerungssysteme mit unterirdischen Rohren, die idealerweise schon vor der Rasenanlage verlegt werden, ermöglichen eine Beregnung ohne Schlauchgezerre. Sie arbeiten meist mit Versenkregnern (S. 37) und lassen sich mit einem Bewässerungscomputer kombinieren. Bei größeren Flächen sollten Sie Fachleute zur Planung und Installation hinzuziehen.

Durchmesser anpassen

- Schläuche gibt es mit Durchmessern von ½ Zoll (13 mm) oder ¾ Zoll (19 mm), seltener auch 1 Zoll (25 mm).
- Sie lassen sich mit entsprechenden Verbindungsstücken problemlos an größere und kleinere Wasserhähne ankuppeln. Sollen dicke Schläuche für mehr Wasserdurchsatz sorgen, installiert man am besten auch einen größeren Hahn.

Beregnen per Brause

- Je nach Muße und vorhandenem Wasserdruck lassen sich Rasenstücke bis 100 m² mit einer Brause bewässern. Andernfalls treten besser zeitsparende Regner in Aktion.
- Gute Bewässerungsbrausen verfügen über eine stufenlos dosierbare Wassermenge, die sich in beliebiger Stellung arretieren lässt.

REGNER

WIE WERDEN
DIE REGNER BETRIEBEN?

- Abgesehen von Versenkregnern sind alle Regner mobil und flexibel einsetzbar.
- Sie werden einfach an den Schlauch angeschlossen und mit einem Erdspieß (Spike) oder Standfuß am Boden fixiert.
- Achten Sie besonders bei Regnern mit großer Wurfweite auf stabilen Stand. Ist der Standfuß zu leicht, kann der Wasserdruck den Regner zum Wackeln oder gar Umfallen bringen.

WIE LASSEN
SICH MEHRERE REGNER NUTZEN?

- Gibt es nicht genug Wasserhähne, können Sie über einen Schlauchverteiler zwei oder mehr Regner anschließen. Reicht der Wasserdruck nicht aus, kann er mit einer zusätzlichen Pumpe verstärkt werden.
- So sind selbst größere Flächen ohne langwieriges Umstellen zu versorgen. Zur optimalen Flächenanpassung lassen sich z. B. auch Viereck- und Kreisregner kombinieren.

Kreisregner

- Meist sorgen zwei oder drei rotierende Sprüharme (siehe Bild) für die kreisförmige Wasserverteilung mit einem Durchmesser bis 20 m; geeignet für Flächen zwischen 10 und 300 m².
- Andere Kreisregner verfügen über rotierende Düsenleisten oder Köpfe mit Drehstrahl-Turbine. Hier können neben dem Vollkreis auch Sektoren, z. B. von 90°, eingestellt werden.

Flächenregner

- An sogenannten Flächen- oder Multifunktionsregnern lassen sich bis zu sechs verschiedene Beregnungsflächen einstellen, z. B. Kreis, Halbkreis, Quadrat oder Punktstrahl.
- Umgestellt wird einfach durch Drehen einer Scheibe. Solche Flächenregner können meist bis zu 80 m² beregnen.

KOSMOS
SOFORTHELFER
Im Sommer „schlucken" 100 m² Rasen bei gründlicher Beregnung mindestens 1500 Liter Wasser pro Woche. Da machen sich ein großer Regenwassertank bzw. eine Zisterne auf Dauer bezahlt. Allerdings sollten Sie auch die Kosten für ein gutes Hauswasserwerk sowie hochwertige Filter mit einkalkulieren, damit das Beregnen optimal funktioniert.

Sprühregner

- Sprühregner liefern einen feinen, dichten Sprühstrahl, der je nach Ausführung bis 11 m weit reicht. So eignen sie sich für Flächen bis maximal 100 m².
- Sie beregnen meist kreisförmig, es gibt aber auch Düsen oder Adapter für halbrunde und Rechteckflächen.

Viereckregner, Rechteckregner

- Beim Viereckregner sitzen die Düsen aufgereiht auf einem Sprüharm oder -rohr. Das schwenkt kontinuierlich nach beiden Seiten und beregnet so eine rechteckige Fläche.
- Schwenkbereich und Wurfbreite sind einstellbar, mit Reichweiten bis 20 m. Damit lassen sich, je nach Regnergröße und Wasserdruck, Flächen zwischen 10 und 350 m² beregnen.

REGNER

WARUM
SETZEN REGNER AUS?

- Wenn ein Regner nicht mehr richtig läuft, ist er meist verstopft. Er kann aber auch mechanisch beschädigt sein.
- Schauen Sie zunächst nach, ob nicht versehentlich Regler für die Wurfbreite oder ähnliches verstellt wurden.
- Überprüfen Sie, ob es eventuell am Schlauch oder an den Verbindungen liegt. Kuppeln Sie den Regner ab und spülen Sie den Schlauch mehrmals kräftig durch.

WAS TUN,
WENN DER REGNER VERSTOPFT?

- Regner mit leicht herausnehmbarem Schmutzsieb ersparen viel Ärger.
- Meist hilft mehrmaliges Durchspülen mit sauberem Wasser.
- Häufiges Spülen beugt auch Eisenablagerungen vor, die sich nur schwer entfernen lassen. Kalkablagerungen werden durch handelsübliche Entkalker gelöst.
- Viele Regnertypen lassen sich zum Reinigen aufschrauben oder sogar ganz zerlegen. Beachten Sie dabei aber die Hinweise in der Gebrauchsanleitung.

Impuls- & Schwinghebelregner

- Bei diesen robusten Regnern wird der Wasserstrahl durch einen gefederten Schwinghebel zerteilt und „weitergeschleudert". Dabei bewegt sich der Regnerkopf langsam im Kreis.
- Bei guten Impulsregnern lassen sich feinstufig beliebige Kreissektoren einstellen. Sie eignen sich für Flächen bis rund 500 m².

Getriebe- & Turbinenregner

- Hier treibt der Wasserdruck die Düsenköpfe weiter, sodass sie gleichmäßig im Kreis laufen. Sie können meist auch auf kleinere Sektoren eingestellt werden.
- Getrieberegner schaffen ebenso große Flächen wie Impulsregner, laufen aber wesentlich leiser. Hier ist ein Sieb besonders wichtig, denn Sandkörner können die Turbine blockieren.

Versenkregner

- Sie werden fest installiert und in der Regel in Verbindung mit einem unterirdisch verlegten Rohrsystem genutzt.
- Wird die Leitung angestellt, schieben sich die Regner durch den Wasserdruck nach oben. Nach getaner Arbeit ziehen sie sich zurück, sodass sie mit der Bodenoberfläche abschließen und z. B. beim Mähen nicht stören.

Regnertypen zum Versenken

- Vom Sprühprinzip her handelt es sich meist um Getrieberegner. Je nach System sind aber auch Sprüh-, Impuls- oder Viereckregner im Angebot.
- Verschiedene Regnertypen desselben Herstellers lassen sich meist kombinieren. So können auch unregelmäßig geformte Rasenflächen sehr flexibel ausgestattet werden.

AUTOMATISCHE BEWÄSSERUNG

WIE WIRD
DER TIMER ANGESCHLOSSEN?

- Bewässerungsuhren und -computer werden einfach an den Wasserhahn angeschraubt und haben unten einen Schlauchanschluss, manchmal auch für zwei Schläuche.
- Meist ist ein Hahn mit ¾-Zoll- oder 1-Zoll-Durchmesser erforderlich.
- In der Regel werden die Geräte mit einer 9-V-Batterie betrieben. Die Displays möglichst nicht der prallen Sonne aussetzen.

WIE WERDEN
DIE SYSTEME GESTEUERT?

- Im einfachsten Fall genügt ein Bewässerungscomputer an der Hauptzuleitung, der in Verbindung mit Feuchtesensoren betrieben wird.
- Sollen mehrere Bewässerungskanäle laufen, gibt es Steuersysteme, die drinnen oder an der Hauswand an eine Steckdose angeschlossen werden. Sie steuern die Kanäle über Ventile.

Bewässerungsuhren

- Bei einfachen Bewässerungsuhren lassen sich nur Beginn und Dauer der (täglichen) Bewässerung einstellen. Sie sollten auf uneingeschränkten Durchfluss umstellbar sein, um zusätzlich nach Bedarf zu bewässern.
- Praxisgerechter sind Ausführungen, bei denen man auch die Gießhäufigkeit regeln kann, am besten im Abstand zwischen 1 und 7 Tagen.

Bewässerungscomputer

- Haben die Timer erweiterte Einstellungsmöglichkeiten und ein Display, spricht man von „Computern".
- Häufig lässt sich z. B. die Gießfrequenz in Stunden- und Tagesintervallen eingeben.
- Bewässerungscomputer verfügen meist über Anschlüsse für Bodenfeuchte- oder Regensensoren.

KOSMOS
SOFORTHELFER
Bewässerungscomputer können sogar die „Urlaubsvertretung" übernehmen. Allerdings sollten sie bereits einen längeren Praxistest absolviert haben und am besten durch Bodenfeuchte- oder Regensensoren reguliert werden. Dann kann man beruhigter in Urlaub fahren. Trotzdem schadet es nichts, wenn Nachbarn oder Freunde gelegentlich nach dem Rechten sehen.

Steuern von Bewässerungsanlagen

- Werden komplette Bewässerungssysteme, etwa mit Versenkregnern, betrieben, empfiehlt sich ein netzstrombetriebenes Steuersystem mit Ventilregelung.
- Allerdings können auch hochwertige Bewässerungscomputer mit Außenhahnanschluss allerhand leisten.

Rundum gut befeuchtet

- Ausgeklügelte Bewässerungscomputer versorgen in Verbindung mit einem Wasserverteiler bis zu sechs verschiedene Gartenbereiche.
- Dabei lassen sich die Einstellungen für jeden Bereich separat steuern.
- Da der Wasserdruck meist nicht für mehrere Stränge ausreicht, werden die einzelnen Partien nacheinander bewässert.

DIE
12
SCHNELLSTEN
ANTWORTEN

RASENANLAGE

EIN ATTRAKTIVER, GUT GEPFLEGTER RASEN IST DER GRÜNE TEPPICH DES „GARTENWOHNZIMMERS“. ER IST BLICKFANG UND RUHENDER POL, VERMITTELT ABER AUCH ZWISCHEN DEN BEETEN, GEHÖLZEN UND SITZPLÄTZEN. WENN DIE FLÄCHE SORGFÄLTIG VORBEREITET, GRASSAMEN ODER ROLLRASEN PRÄZISE AUSGEBRACHT UND DER JUNGE RASEN REGELMÄSSIG GEGOSSEN WIRD, IST DER ERFOLG (BEINAHE) GARANTIERT.

SCHAUSTÜCK ODER SPIELPLATZ?

Größe und Form des Rasens und die Art der Rasenkanten orientiert sich an der geplanten Nutzung. Für einen „englischen“ Rasen, der sich mit geschwungenen Kanten organisch an die Beete anschmiegt, empfiehlt sich die Aussaat eines Zierrasens mit sauber abgestochenen Rasenkanten. Spielen Kinder auf dem Rasen oder stehen gelegentlich Tisch und Gartenstühle darauf, ist ein robuster Rollrasen mit festen Mähkanten besser geeignet.

HART IM NEHMEN?

Ein Rasen ist keineswegs die einfachste Lösung, um eine Fläche zu begrünen. Bis auf reine Zierrasen, die nur selten betreten werden, werden die Graspflanzen mechanisch stark beansprucht. Daher sind auch Spiel- und Sportrasenmischungen auf optimale Vorbereitung des Bodens angewiesen, um sich gut etablieren zu können und die Belastungen eines möglichst langen Gartenlebens unbeschadet zu überstehen.

SÄEN ODER ROLLEN?

Der entscheidende Unterschied zwischen Aussaat und Rollrasen ist die Sofortwirkung des Rollrasens – morgens verlegt, abends grün. Der Zeitaufwand für die Bodenvorbereitung ist in beiden Fällen etwa gleich, gesäter Rasen erfordert einen größeren Aufwand für die Nachsorge. Bei unregelmäßig geformten Rasenstücken empfiehlt sich eher die Aussaat, während sich Rollrasen auf Flächen mit geraden Kanten problemlos verlegen lässt.

BODENVORBEREITUNG

WELCHE
VORARBEITEN SIND ERFORDERLICH?

- Bodentyp feststellen
- Vorhandene Grasnarbe abtragen
- Umgraben, dabei Steine und Wurzeln entfernen
- Boden verbessern
- Einebnen und walzen
- Feinkrümeliges Saatbeet herstellen

WANN
IST DIE BESTE ZEIT FÜR WAS?

- Herbst des Vorjahres: Rasenfläche umgraben; eine schwarze Unkrautfolie schwächt Unkräuter
- Einige Wochen vor der Aussaat: grobes Planieren
- 1 bis 2 Wochen vor der Aussaat: Glattrechen und Walzen
- Unmittelbar vor der Aussaat Saatbeet rechen

Umgraben

- Eine Unkrautfolie, Gründünger oder Kartoffeln bereiten den Boden optimal vor.
- Graben Sie den Boden vor der Anlage eines Rasens tiefgründig um.
- Lesen Sie dabei Steine und Pflanzenwurzeln aus.
- Reißen Sie stark verfestigte Böden 40 bis 50 cm tief mit einer Motorhacke oder -fräse auf.

Boden verbessern

- Ein sandig-lehmiger Boden ist ideal und muss nicht verbessert werden.
- Verbessern Sie sandige Böden mit Kompost – 20 bis 50 l/m² reichen.
- Verbessern Sie tonhaltige Böden mit Zuschlägen von feinem Kies, Sand und Kompost.

Walzen

- Nach dem Umgraben werden Unebenheiten mit dem Rechen geglättet.
- Bei Flächen mit sehr unregelmäßigem Profil helfen Pflöcke und Spannschnüre sowie eine Wasserwaage beim Nivellieren.
- Zum Abschluss wird alles glatt gerecht und gewalzt.

Saatbeet herstellen

- Jäten Sie unmittelbar vor der Aussaat alle einjährigen Unkräuter aus der Fläche.
- Ziehen Sie die Fläche mit leichtem Druck des Rechens zu einer glatten Oberfläche mit feinkrümeliger Struktur.
- Danach sollte die Fläche nicht mehr betreten werden.

KOSMOS

SOFORTHELFER

Wer ganz sicher gehen möchte, lässt seinen Gartenboden rechtzeitig auf Bodentyp, pH-Wert und Nährstoffgehalt testen. Es gibt eine Reihe von staatlichen oder privaten Instituten (Adressen im Internet, bei Landwirtschaftskammern oder in Gartencentern), die diesen Service anbieten. Für den „Hausgebrauch" bekommt man auch einfache Analysesets im Fachhandel.

AUSSAAT

WORAUF
SOLLTEN SIE ACHTEN?

- Qualitätssaatgut
- Rasenmischung und -typ nach Standortbedingungen und Nutzung auswählen
- Samenmenge nach Packungsangaben ausstreuen
- Säwagen verteilen den Samen gleichmäßiger als Aussaat per Hand
- Samen einrechen und andrücken oder walzen
- Gießen mit feiner Brause

WANN
IST DIE BESTE ZEIT?

- Mitte April bis Mai oder September bis Anfang Oktober (Keimtemperatur von mindestens 10 °C)
- Auf keinen Fall im Sommer
- Aussaat an einem windstillen, trockenen Tag in trockenen Boden

Aussaat mit der Hand

- Verwenden Sie nur Qualitätssaatgut: Es keimt sicher und das Gras wächst gleichmäßiger.
- Vermischen Sie den Grassamen mit Sand; so lässt sich das Saatgut besser ausstreuen.
- Teilen Sie die Samenmenge in zwei Teile und streuen Sie den Samen breitwürfig aus, erst längs dann quer.

Aussaat mit Streuwagen

- Streu-/Säwagen kann man auch ausleihen.
- Füllen Sie ihn mit der Samenmenge entsprechend der Packungsangabe (in der Regel reichen 20 bis 30 g/m^2).
- Ziehen Sie den Wagen gleichmäßig über die Fläche und vermeiden Sie Überschneidungen an den Bahnengrenzen.

KOSMOS

SOFORTHELFER

Für einen guten Start sollte der Boden etwa eine Woche vor der Aussaat mit Dünger angereichert werden. Ideal ist ein ausgewogener, organischer Dünger mit den drei wichtigsten Elementen Stickstoff, Kalium und dem unentbehrlichen Phosphor. Der Fachhandel bietet zu diesem Zweck spezielle „Starterdünger“ an. Eine Alternative ist ein organischer Volldünger, der niedriger dosiert ausgebracht wird.

Rechen, walzen, gießen

- Betreten Sie die Fläche nicht mehr, sondern laufen Sie über ein Brett.
- Arbeiten Sie den Samen nach der Aussaat vorsichtig mit dem Rechen 1 bis 2 cm tief in den Boden ein.
- Drücken Sie ihn mit Brettern unter den Füßen, besser mit einer Walze, gleichmäßig fest.
- Gießen Sie die gesamte Fläche mit einer feinen Brause (Gießkanne, Schlauch oder Regner), damit die feinen Samen nicht weggeschwemmt werden und „leere“ Stellen entstehen.

NACH DER SAAT

WAS
IST ZU BEACHTEN?

- Rasen nicht mehr betreten
- 4 Wochen lang ständig feucht halten
- Ab 8 cm Länge mähen
- Düngen nach dem ersten Schnitt
- Voll belastbar erst nach einigen Monaten

WELCHE
GERÄTE SIND ERFORDERLICH?

- Rechteck-/Viereckregner mit einstellbarer Breite und Reichweite
- Gartenschlauch unbedingt mit feiner Brause
- Erster Schnitt möglichst mit Sichelmäher
- Düngerwagen

Das erste, zarte Grün

- Nach der Aussaat darf die Fläche nicht mehr betreten werden.
- Richten Sie die Strahlen des Regners so aus, dass die gesamte Fläche beregnet wird.
- Wenn Sie den Regner so einstellen, dass er nur „nach vorn" (bis 90°) regnet, kann er am Rasenrand stehen.

Mähen nach Plan

- Warten Sie mit dem Mähen, bis der Rasen eine Länge von etwa 8 cm hat.
- Mähen Sie mit scharfen Messern, um die zarten Pflänzchen nicht auszureißen.
- Mähen Sie ihn auf eine Länge von 4 bis 5 cm.
- Rechen Sie das Schnittgut vorsichtig ab.

Düngen & Nachsaat

- Nach dem ersten Mähen brauchen die jungen Graspflänzchen viele Nährstoffe.
- Streuen Sie daher einen Rasenvolldünger aus, allerdings nur etwa die Hälfte der empfohlenen Menge.
- Säen Sie vor dem Düngen dünne Stellen nach (diese Partien nicht düngen).
- Zupfen Sie Unkräuter aus.
- Auch nach dem zweiten Mähen ist der Rasen noch empfindlich und sollte geschont werden.

KOSMOS

SOFORTHELFER

Für viele Vögel ist ein frisch gesäter Rasen ein Schlaraffenland. Auf ihrer Suche nach Samenkörnern scharren sie auch die verschonten Körner zur Seite und verursachen lückigen Rasen. Vögel gewöhnen sich rasch an einfache Vogelscheuchen. Dünne Nylonfäden, dicht kreuz und quer und in handbreitem Abstand vom Boden über die Fläche gespannt, erschweren hungrigen Vögeln die Landung.

ROLLRASEN VERLEGEN

WIE
WIRD VORGEGANGEN?

- Boden wie bei der Aussaat vorbereiten
- Mit der längsten, geraden Seite beginnen
- Stoßkanten glatt abstechen
- Bahnen andrücken
- Zum Abschluss walzen und Kanten abstechen

WANN
WIRD WAS GEMACHT?

- Verlegen ist ganzjährig möglich, bis auf Frost und Hitzeperioden
- Optimal März bis Mai
- Verlegen am Tag der Anlieferung
- Nach 4 bis 5 Wochen zum ersten Mal mähen

Sorgfältig verlegen

- Sorgen Sie für einen ebenen, glatt gerechten Untergrund.
- Legen Sie die erste Bahn entlang einer geraden Kante oder einer Richtlatte aus.
- Stechen Sie zerfaserte Kanten mit einem scharfen Spaten oder Kantenstecher glatt.

Versetzte Kanten

- Legen Sie anschließende Bahnen unbedingt fugenlos an.
- Die Querfugen sollten etwa in der Mitte der jeweiligen Nebenbahn liegen.
- Lassen Sie die Außenkanten zunächst noch unbearbeitet.

KOSMOS

SOFORTHELFER

Bei ausreichender Bewässerung wurzelt Rollrasen rasch im Untergrund an. Nach spätestens drei Wochen sollte eine erste Düngung mit einem organischen Langzeitdünger erfolgen, um eine gute Nährstoffversorgung der Gräser zu garantieren. Danach wird er wie eine „normale" Rasenfläche gedüngt.

Hohlräume entfernen

- Drücken Sie den Rasen bereits beim Auslegen mit dem Rücken eines Rechens oder mit der Hand an, damit keine Hohlräume entstehen.
- Betreten Sie den Rasen nur auf einem breiten Brett.
- Drücken Sie den fertig verlegten Rasen mit einer Walze an.

Der letzte Schliff

- Stechen Sie gerade Kanten mit Richtlatte ab.
- Streuen Sie geschwungene Kanten vor dem Abstechen mit Sand ab.
- Wässern Sie den Rasen gründlich.
- Das erste Mähen schräg zu den Längsfugen ist nach etwa 4 bis 5 Wochen möglich, dann kann der Rasen betreten werden.

RASENKANTEN

WELCHE
KANTEN GIBT ES?

- Nahtlose englische Kanten
- Steinkanten
- Senkrechte Kantenprofile
- Holzpalisaden
- Profile mit rasenseitiger Mähkante

WIE
HOCH IST DER ARBEITSAUFWAND?

- Nahtlose Kanten erfordern den größten Aufwand
- Palisaden und senkrechte Kanten müssen getrimmt werden
- Geringster Aufwand bei tiefer gelegten Steinkanten oder Profilen mit Fahrspur

Viel Arbeit für harmonisches Aussehen

- Eine „englische" Rasenkante – der direkte Übergang von Rasen zum Beet – erfordert den größten Pflegeaufwand.
- Andererseits ist sie als Grenze zu üppig bepflanzten Staudenbeeten die eleganteste Lösung und trägt viel zum harmonischen Gesamtbild bei.
- Nur wenn die Rasenkante regelmäßig sauber abgestochen wird, wuchert das Gras nicht ins Beet.
- Füllen Sie einmal jährlich die Erde im Beet auf, die beim Abstechen „verloren" geht.

KOSMOS
SOFORTHELFER

Wie beim Umgang mit Rasenmäher und -trimmer besteht bei Rasenkantenschneidern („Handgrasscheren“) ein gewisses Verletzungsrisiko. Diese Scheren erfüllen ihre Aufgabe nur dann, wenn die Schneiden stets scharf sind. Tragen Sie bei der Arbeit robuste Gartenhandschuhe aus Leder und sperren Sie die Klingen bei Nichtgebrauch.

Harte Grenzen

- Legen Sie die Kante einer gepflasterten Fläche etwas tiefer an als das Rasenniveau. So kann der Rasenmäher problemlos über die Kante mähen.
- Das gilt auch für Steinkanten aus Pflaster-, Beton- oder Backsteinen.

Kanten bearbeiten

- An Palisaden oder senkrechten Kantenprofilen werden die Rasenkanten mit einer Rasenkantenschere oder Trimmer geschnitten.
- Ein Modell, bei dem der Trimmerkopf vertikal gestellt werden kann, erleichtert die Arbeit.

DIE
20
SCHNELLSTEN
ANTWORTEN

RASENPFLEGE

PFLANZEN WACHSEN „VON ALLEINE", ALLERDINGS NICHT IMMER SO, WIE ES DER GARTENBESITZER MÖCHTE! GERADE FÜR DEN RASEN GILT DIE ALTE REGEL, OHNE FLEISS KEIN PREIS – GLEICHMÄSSIGEN WUCHS, SATTGRÜNE FARBE UND SAUBERE KANTEN GIBT ES NICHT OHNE REGELMÄSSIGES JÄTEN, GIESSEN UND DÜNGEN UND NATÜRLICH MÄHEN, AERIFIZIEREN UND VERTIKUTIEREN.

DIE HOHE KUNST DES MÄHENS

Die modernen Rasenmäher machen die eigentliche Mäharbeit zum Kinderspiel. Die „Kunst" beim Mähen liegt vielmehr im sorgfältigen Umgang mit der Maschine – auch bei ihrer Pflege –, der richtigen Schnitthöhe und -häufigkeit sowie der Pflege der Rasenkanten. Der Lohn für die Mühe sind streifenfreies Grün und saubere Übergänge zu festen Flächen, Beeten und Baumscheiben.

WELLNESS FÜR DEN RASEN

Gräser sind robuste Pflanzen, die eine gewisse Belastung durchaus vertragen. In Bestform bleibt der Rasen allerdings nur unter optimalen Bedingungen: Beim Mähen gehen organische Nährstoffe verloren, die regelmäßig durch Dünger ersetzt werden müssen; verfilzte Grasreste und Moos, die Wasser- und Nährstoffversorgung beeinträchtigen, reißt ein Vertikutierer auf und gelegentliches Belüften fördert das Bodenleben.

RASEN-ROUTINE

Vom Gießen, das in heißen, trockenen Perioden täglich nötig sein kann, bis hin zum jährlichen Aerifizieren, muss ein Rasen regelmäßig gepflegt werden. Viele der erforderlichen Arbeiten werden rasch zur Routine und lassen sich mit eigenen Geräten ausführen. Bei umfangreichen Maßnahmen, die seltener anfallen, lohnt sich eher, eine geeignete Maschine auszuleihen oder die Arbeiten einem Landschaftsgärtner zu übertragen.

RASEN MÄHEN

WANN
WIRD GEMÄHT?

- Ab Ende März/Anfang April
- Früh- bis Spätsommer: ein- bis zweimal wöchentlich
- Hitzeperioden: selten bis gar nicht
- Herbst: alle zwei Wochen
- Winter: ab 5° C Bodentemperatur nicht mehr

WORAUF
SOLLTE MAN ACHTEN?

- Hohes Gras etappenweise kürzen
- Gras grundsätzlich maximal um ein Drittel kürzen
- Nur an trockenen Tagen mähen, nasses Gras verklebt die Messer

Rasen mähen im Frühjahrsgarten

- Die Mähsaison beginnt im Spätfrühling nach den Winterfrösten und intensiven Frühjahrsregen.
- Mähen Sie das lange Gras aus dem Winter zunächst mit der höchsten Schnitthöhe.
- Mähen Sie es in einer zweiten Etappe bis zur Endhöhe.
- Gehen Sie nach dem Sommerurlaub nach derselben Methode vor.

KOSMOS
SOFORTHELFER

Beim Mähen werden die Grashalme zerschnitten. An den Wundstellen verdunstet mehr Wasser als aus einem intakten Grasblatt. Beim Spindel- oder Walzenmäher sind mehrere Messer rund um eine Spindel/Walze angeordnet und schneiden Gräser wie eine Schere sehr schonend ab. Bei Sichelmähern reißen rotierende Messer die Blätter ab und zerfetzen dabei die Schnittränder.

Mähroutine

- Schneiden Sie Zierrasen auf 2 bis 3 cm (maximal auf 4 cm); ein „englischer" Rasen wird alle 2 bis 3 Tage auf gut 1 cm geschnitten.
- Gebrauchsrasen auf 3 bis 5 cm schneiden (bei starker Sommerhitze auf 6 cm, um die Verdunstung zu senken).
- Schattenrasen nicht kürzer als 5 cm schneiden, sonst wächst Mooswach.

Früh blühende Zwiebelblumen im Rasen

- Frühblüher, wie Krokusse, Wildtulpen oder Traubenhyazinthen, sorgen ab dem Vorfrühling für hübsche Blickpunkte in der Grasfläche.
- In der Umgebung dieser Zwiebelblumen wird das Gras erst geschnitten, wenn die Blätter der Frühblüher verwelken.

MÄH-PRAXIS

WIE
WIRD GEMÄHT?

- Rechteckige Flächen: Bahn für Bahn
- Unregelmäßige Flächen: Umkreis mähen, dann wieder Bahn für Bahn
- Geneigte Flächen: große Flächen mit Aufsitzmäher, kleinere mit Rasenmäher quer zum Hang

WAS
TUN MIT DEM RASENSCHNITT?

- Zierrasen stets gründlich abrechen
- Kurzes Schnittgut darf auf Gebrauchsrasen liegen bleiben
- Das Schnittgut eines Mulchmähers kann liegen bleiben

Mähen nach Schema

- Betreten Sie nur die bereits gemähte Fläche, nicht das ungeschnittene Gras.
- Mähen Sie auf rechteckigen Flächen je einen Wendestreifen an gegenüber liegenden Seiten.
- Mähen Sie dann Bahn für Bahn – auf und ab – und wenden Sie auf dem Randstreifen.
- Setzen Sie das linke (oder rechte) Rad des Mähers stets auf der bereits gemähten Bahn auf, damit alle Grashalme erfasst werden und keine Streifen entstehen.
- Walzen-/Spindelmäher hinterlassen sichtbare Streifen wie beim englischen Rasen.

Die Reste des Rasenschnitts

- Leeren Sie den Auffangkorb regelmäßig – eine Schubkarre erspart Ihnen unnötige Wege.
- Rechen Sie nach dem Mähen das restliche Schnittgut vom Rasen ab.
- Die kurzen Blattstückchen, die beim regelmäßigen Sommerschnitt anfallen, brauchen nicht komplett abgerecht zu werden.
- Ein Mulchmäher spart Arbeit: Er zerkleinert das Schnittgut und verteilt es wieder auf dem Rasen.
- Rasenschnitt ist kein Abfall, sondern gehört auf den Kompost.

RÄNDER & KANTEN

WARUM
WERDEN DIE KANTEN BEARBEITET?

- Rasen breitet sich in Beete und Rabatten aus
- Unkrautwurzeln aus Beeten können in den Rasen vordringen
- Unbehandelte Kanten wirken ungepflegt und unschön

WELCHE
GERÄTE BRAUCHT MAN?

- Halbmondförmiger Rasenkantenstecher oder Spaten mit scharfer Schneide
- Rasenkantenschere im Handbetrieb oder als Akkugerät
- Rasentrimmer für Gras an unzugänglichen Stellen
- Kantenschneidemaschinen (ausleihen für lange, freie Rasenkanten)

Ränder beschneiden

- Schneiden Sie überstehendes Gras nach dem Mähen mit einer Schere ab.
- Für kurze Kanten reicht eine handbetriebene Rasenkantenschere aus.
- Akku-Rasenkantenscheren erleichtern die Arbeit.
- Scheren mit verlängertem Stiel (Teleskopstiel) schonen den Rücken.

Ransenkanten abstechen

- Freie, „englische" Rasenkanten werden mit dem Kantenstecher – Schneide senkrecht halten – abgestochen.
- Streuen Sie geschwungene Kanten vorher mit Sand ab.
- Legen Sie bei geraden Kanten eine Richtlatte an.
- Mit dem Spaten geht es weniger präzise.

KOSMOS
SOFORTHELFER

Schärfen Sie die Schneiden des Kantenstechers regelmäßig. Das erleichtert das Arbeiten und sorgt für glatte Kanten, die nicht ausfransen. Zum Schärfen eignet sich eine feine Metallfeile oder ein eklektisch betriebener Messerschleifer.

Trimmen an unzugänglichen Stellen

- Schneiden Sie Rasen, der an Hecken, Baumscheiben oder Palisaden grenzt, mit einem Rasentrimmer ab.
- Auch für Ecken, die mit dem Mäher nicht zu erreichen sind, „wilde" Wiesen oder langes Gras sind Rasentrimmer ideal.
- Für einen gleichmäßigen „Schnitt" sollte der Faden bodenparallel rotieren: Halten Sie den Teller des Trimmers möglichst waagerecht (Modelle mit neigbarem Trimmerkopf hinterlassen schärfere Kanten).
- Im kleinen Garten reicht ein elektrischer Rasentrimmer (Kabel), in größeren Gärten bieten Trimmer mit Benzinmotor größere Freiheit.

DÜNGEN

WARUM
MUSS GEDÜNGT WERDEN?

- Regelmäßiges Mähen entzieht den Graspflanzen Nährstoffe
- Rasendünger versorgen die Pflanzen mit Hauptnährstoffen ...
- ... und enthalten auch Spurenelemente wie Eisen, Kalzium und Magnesium

WOMIT
WIRD GEDÜNGT?

- Mineralische Dünger aus synthetischer Herstellung
- Organische Dünger aus organischem Material
- Mineralisch-organische Dünger als Mischung aus beiden Anteilen
- Sonderformen, wie Langzeitdünger, Herbstdünger, Dünger mit Moosvernichter
- Düngertyp und Inhaltsstoffe sind auf den Düngerpackungen angegeben

Richtig düngen für gesunden Rasen

- Sattgrüner, dichter Rasen entwickelt sich nur dann, wenn den Pflanzen regelmäßig Nährstoffe zugeführt werden.
- In einem gesunden, dichten Rasen werden Unkräuter und Moose unterdrückt.
- Mineralische Dünger wirken schnell, werden aber rascher wieder ausgewaschen als organische Dünger.
- Organische Dünger geben die Nährstoffe langsam, aber nicht so gezielt ab wie mineralische Dünger.
- Ideal sind Mischformen mit einer Langzeitkomponente. Sie wirken rasch und nachhaltig.

KOSMOS

SOFORTHELFER

Spezialdünger mit einem Zusatz lebender Mikroorganismen verbessern das Bodenleben und sorgen so nachhaltig für einen gesünderen Rasen. Dünger mit sogenannten Bodenaktivatoren (Tonmineralen, Urgesteinsmehlen) heben den pH-Wert saurer Böden an und verbessern die Durchlässigkeit bei schweren Böden.

Hauptnährstoffe & mehr

- Typische feste Rasendünger enthalten die Hauptnährstoffe Stickstoff, Phosphat und Kalium. Der Stickstoffanteil sollte bei 15 bis 20 % liegen.
- Verteilen Sie festen Dünger mit einem Streuwagen auf dem Rasen.
- Flüssigdünger sind ideal, um kleinflächig Spezialdünger auszubringen, beispielsweise Dünger mit Moosvernichter (Eisen(II)-sulfat) oder hohem Magnesiumanteil.
- Lösen Sie Flüssigdünger in der Gießkanne auf.
- Düngertabletten (gebunden an bestimmte Modelle) werden in Gießstäbe oder Brausen eingelegt und beim Gießen aufgelöst.

DÜNGE-PRAXIS

WANN
WIRD GEDÜNGT?

- Startdüngung im Spätfrühling (März/April)
- Folgedüngung im Frühsommer vor der Hauptwachstumsphase (Mitte Juni)
- Herbstdüngung mit kaliumreichem Herbstdünger
- Bei Bedarf mit Flüssigdünger bei Mangelerscheinungen

WORAUF
SOLLTE MAN ACHTEN?

- Zusammensetzung des Düngers
- Düngermenge nach Packungsangaben
- Überdüngen schadet dem Rasen
- Schwere, tonige Böden brauchen weniger ...
- ... durchlässige, sandige Böden mehr Dünger

Frühlingsdüngung

- Nach dem Winter weist der Rasen häufig schadhafte Stellen auf.
- Verfilzte Abschnitte und lose Pflanzenteile abrechen.
- Geben Sie die Frühjahrsdüngung nach dem ersten Mähen.

Streuwagen oder freihändig?

- Messen Sie die Fläche des Rasens aus und füllen Sie den Düngerwagen mit der entsprechenden Düngermenge.
- Ziehen Sie den Wagen in parallelen, nicht überlappenden Bahnen über die Fläche.
- Beim Düngen aus der Hand wird der Rasen in 1 × 1 m große Quadrate untergliedert (Bambusstäbe) und der Dünger darin gleichmäßig ausgestreut.

KOSMOS
SOFORTHELFER

Eine Überdüngung erkennen Sie an hellen, „verbrannten" Flecken im Rasen. Spülen Sie zunächst den Dünger mit reichlich Wasser in tiefere Bodenschichten – in vielen Fällen hilft das bereits – und unterstützen Sie das Auswaschen mit Vertikutieren. Warten Sie ab, wie sich die Fläche entwickelt. Bei starken Schäden wird der Boden mit Sand abgemagert und neuer Rasen ausgesät.

Nachbehandlung

- Bei Flüssigdünger ist keine Nachbehandlung erforderlich, da die Nährstoffe mit dem Wasser in den Boden gespült werden.
- Da fester Dünger auf der Oberfläche liegen bleibt, können lokal sehr hohe Konzentrationen auftreten und die Graspflanzen „verbrennen".
- Schwemmen Sie festen Dünger daher nach dem Ausstreuen mit Gießwasser in den Boden.
- Bewässern Sie zu diesem Zweck den Rasen etwa eine Stunde lang mit einem Regner.

BEWÄSSERN

WAS

IST BESONDERS WICHTIG?

- Wasser gleichmäßig verteilen
- Boden 15 bis 20 cm tief durchfeuchten
- Sommer: wöchentlich etwa 25 l/m²
- Pro Gießvorgang 10 bis 15 l/m²
- Schwere, tonige Böden: weniger ...
- ... leichte, sandige Böden: mehr Wasser

WANN

WIRD GEGOSSEN?

- Sobald die ersten Gräser schlaff werden, oder ...
- ... alle paar Tage durchdringend
- Früh morgens oder abends, wenn die Verdunstung besonders gering ist

Sommerrasen

- Wassermangel äußert sich in Verwelken, Fußspuren, die sich nicht mehr aufrichten, langsameres Wachstum, schließlich braune Blätter.
- Bestimmen Sie rechtzeitig die Bodenfeuchte in einem kleinen Loch (mit einem Unkrautstecher in den Rasen bohren) vor und nach dem Gießen, um eine Vorstellung von der erforderlichen Wassermenge zu bekommen. Der Boden sollte mindestens 20 cm tief durchfeuchtet werden.
- Eleganter, allerdings auch teurer, ist ein automatischer Bodenfeuchtesensor.
- Keine Sorge: Auch verdorrter Rasen erholt sich wieder, auch wenn es etwas dauert.

KOSMOS
SOFORTHELFER
„Erziehen" Sie Ihren Rasen: Wird ein Rasen häufig, aber nur jeweils wenig gegossen, dringt das Wasser nur bis in die oberen Zentimeter des Bodens ein. Da Wurzeln dem Wasser folgen, breiten sich die Graswurzeln nicht nach unten aus – sie werden anfällig gegen Trockenheit. Seltenes aber durchdringendes Gießen „zwingt" die Wurzeln, nach unten zu wachsen – damit überstehen sie Trockenphasen deutlich besser.

Kanne, Schlauch & Regner

- Gießen Sie auf keinen Fall um die Mittagszeit, weil viel Wasser ungenutzt verdunstet und Wassertröpfchen wie Brenngläser wirken.
- Gießen mit Schlauch (feine Brause oder Gießstab) oder Gießkanne empfiehlt sich bei unregelmäßig geformten Flächen, die an Beete angrenzen, damit nur der Rasen und nicht die Blätter der Stauden befeuchtet werden.
- Regner, insbesondere Viereckregner, sind ideal für große und regelmäßige Flächen.
- Im Boden versenkte Zuleitungen und Sprenger sind teuer, ermöglichen aber eine automatisierte Bewässerung.

VERTIKUTIEREN

WARUM
UND WANN VERTIKUTIEREN?

- Rasenschnitt und tote Pflanzenteile hemmen Belüftung und Nährstoffaufnahme
- Vertikutiermesser zerschneiden den festen Rasenfilz
- Pflanzenwurzeln werden besser versorgt
- Alle ein bis zwei Jahre, im Frühling an einem trockenen Tag

WIE
WIRD VERTIKUTIERT?

- Gras kurz mähen
- Grasschnitt und Moos abrechen
- Vertikutierer bahnweise führen
- Losen Filz kräftig abrechen
- Düngen und bewässern

Rasenlüfter

- Ein elektrisch betriebener Rasenlüfter wird wie ein Rasenmäher geführt.
- Die schmaleren Messerkrallen reichen nicht ganz so tief wie bei „echten" Vertikutierern.
- Rasenlüfter können ein- bis zweimal jährlich eingesetzt werden und eignen sich besonders gut zum Entfernen von Moos.

Handvertikutierer

- Handvertikutierer sind mit festen oder Pendelmessern erhältlich.
- Sie werden wie ein Rechen kräftig über die Fläche geführt.
- Da der Umgang mit einem Handvertikutierer viel Kraft erfordert, lohnen sie sich eher auf kleinen Rasenflächen.

Motorbetriebene Vertikutierer

- Auf großen Flächen und bei starker Verfilzung sind Vertikutierer mit Elektro- oder Benzinmotor praktisch und arbeitssparend.
- Sie reißen mit rotierenden Messern nicht nur die Filzschicht auf, sondern dringen gerade noch in den Boden ein.
- Vertikutierer längs und quer („Schachbrett") oder im Winkel von etwa 30° über die Fläche führen.
- Geräte mit Fangsack sind praktisch; restlicher Filz muss dennoch in Handarbeit abgerecht werden.
- Viele Gartencenter verleihen diese selten benutzten Geräte.

KOSMOS

SOFORTHELFER

Im Fachhandel gibt sogenannte „Vertikutiermischungen" für die Nachbehandlung an. Sie enthalten Grassamen, um Lücken zu füllen, Rasenvolldünger (mit hohem Magnesiumanteil) mit Langzeitwirkung und Bodenaktivatoren. Diese Fertigmischungen sind einfacher zu handhaben als selbsthergestellte Mischungen.

AERIFIZIEREN

WARUM
WIRD AERIFIZIERT?

- Schwere, tonige Böden und verdichtete Abschnitte brauchen Luft
- Löcher sorgen für bessere Belüftung und lockeren Boden
- Eine Sandfüllung sorgt für bessere Bodenstruktur
- Alle zwei bis drei Jahre, an einem trockenen Tag im Herbst durchführen

WOMIT
GEHT DAS?

- Hohllöffel für Einzellöcher
- Aerifiziergabel mit Hohlzinken (Lochreihen oder Doppellöcher)
- Auf kleinen Flächen mit Grabgabel
- Mechanische Aerifizierer mit Walzen oder Messern sind Profigeräte (ausleihen)

Fußarbeit mit Grabgabel

- Drücken Sie die Grabgabel in gleichmäßigem Abstand etwa 10 bis 15 cm tief in den Boden.
- Leicht vor und zurück bewegen.
- Spezielle Aerifiziergabeln dringen leichter in den Boden ein und hinterlassen gleichmäßigere Löcher.

Nachsorge

- Sand (Körnung 0 bis 2 mm) über die Löcher streuen.
- Auf großen Flächen wird der Sand gleichmäßig verteilt („Absanden"), etwa mit einem Streuwagen.
- Rechnen Sie beim Absanden pro Quadratmeter mit etwa 3 kg Sand.

Rasen fegen

- Um alle Löcher gleichmäßig mit Sand zu füllen, wird der Rasen mit einem groben Besen „gefegt" – nicht zu fest aufdrücken.
- Beim sogenannten Top-Dressing wird die aerifizierte Fläche mit einer Mischung aus Sand und Dünger bestreut (nach Packungsangabe dosieren).
- Der Fachhandel bietet fertige Mischungen für das Top-Dressing von Rasenflächen an, die Zusatzstoffe wie Humus oder Tonminerale sowie Dünger und Moos- oder Unkrautvernichter enthalten.

RASENPFLEGE IM FRÜHLING

WELCHE
ARBEITEN STEHEN AN?

- Blätter und abgebrochene Ästchen abrechen
- Maulwurfshügel glätten
- Wässern an warmen Tagen
- Düngen
- Vertikutieren
- Moos entfernen
- Freie Kanten abstechen

WANN
WERDEN DIE ARBEITEN AUSGEFÜHRT?

- Abrechen an einem trockenen Tag
- Mähen nach den letzten Frösten während einer trockenen Phase (ab April)
- Vertikutieren und nach dem ersten Mähen düngen (falls erforderlich mit Moosentferner)

Laub zusammenrechen

- Rechen Sie Blätter und lose Zweige mit einem Fächerbesen ab.
- Nachbearbeiten mit einem Rechen, um verfilzte Reste zwischen den Gräsern zu entfernen.
- Erdhügel von Maulwürfen mit dem Rechen glattziehen, ggf. walzen.

Frühjahrsdüngung

- Nach dem Winter braucht der Rasen Nährstoffe. Verteilen Sie einen Rasenvolldünger mit dem Streuwagen.
- Streuen Sie an Stellen mit Moos einen Rasendünger mit Moosvernichter (Eisen(II)-sulfat) aus.
- Achten Sie gerade im Frühjahr auf korrekte Dosierung – Überdüngung schadet dem Rasen.

Das erste Mähen

- Warten Sie mit dem ersten Mähen, bis der Boden nach der Winterfeuchte wieder etwas trockener und fester ist.
- Mähen Sie an einem trockenen Tag mit der höchsten Einstellung des Rasenmähers.
- Mähen Sie etwa eine Woche später auf die gewünschte Rasenhöhe.
- Nach dem zweiten Mähen wird der Rasen vertikutiert und gedüngt.
- Säen Sie danach lückige Stellen nach (Nachsaatrasen).

KOSMOS

SOFORTHELFER

Wenn Sie einen Bereich des Rasens mit Frühlingsblühern „aufgewertet" haben, bleibt er vom Mähen zunächst ausgenommen. Die hübschen Blüten erheben sich auch über ungemähtes Gras. Dieser Abschnitt des Rasens wird erst gemäht, wenn die Blätter der Zwiebel- und Knollengewächse verwelken und einziehen. Mähen Sie dann auch hier etappenweise auf die gewünschte Rasenhöhe.

RASENPFLEGE IM SOMMER

WELCHE ARBEITEN
FALLEN REGELMÄSSIG AN?

- Mähen
- Bewässern
- Feste Rasenkanten beschneiden
- Rasenkanten in Ecken und zu Sträuchern trimmen

WELCHE ARBEITEN
FALLEN AB UND ZU AN?

- Freie Rasenkanten abstechen
- Düngen
- Aerifizieren oder Belüften („Rasenlüfter")
- Unkraut entfernen

Regelmäßig mähen

- Mähen Sie den Rasen im Sommer ein- bis zweimal wöchentlich – nicht zu kurz.
- Mähen Sie bei starker Hitze und anhaltender Trockenheit seltener – unbeschädigte, längere Halme verdunsten weniger Wasser.
- Ist das Gras anschließend zu hoch, schneiden Sie es in zwei Etappen wieder auf die gewünschte Höhe.

Regelmäßig wässern

- Sobald die Halme bläulich wirken und schlaff werden, muss der Rasen gewässert werden.
- Lassen Sie den Regner etwa 30 min lang laufen (25 l/m²).
- Achten Sie bei Kreisregnern darauf, wirklich alle Bereiche des Rasens lückenlos zu wässern. Bei Viereckregnern passiert das seltener.

Düngen

- Düngen Sie Ende Mai bis Ende Juni jedenfalls vor der Hauptwachstumsphase.
- Falls erforderlich, den Rasen vertikutieren oder mit dem Rasenlüfter behandeln.
- Der Sommer ist – auf gemähtem Rasen – eine gute Zeit zum Aerifizieren.
- Im August/Ende September mit einem kalibetonten Dünger zum letzten Mal düngen.

Das lästige Unkraut

- Tief wurzelnden Löwenzahn, Klee, Wegerich oder Ampfer können Sie mit einem langstieligen Unkrautstecher ausstechen, ohne sich zu bücken.
- Hartnäckige, trittfeste Unkräuter und kriechende Arten, wie Gänseblümchen, Ehrenpreis und andere entfernt man sicherer auf den Knien in Handarbeit.

RASENPFLEGE IM HERBST & WINTER

WELCHE ARBEITEN
FALLEN IM HERBST AN?

- Gemäht wird bis Mitte/Ende Oktober
- Lücken in der Rasenfläche ausbessern (bis September)
- Moos bekämpfen
- Vertikutieren
- Herbstlaub abrechen

WELCHE ARBEITEN
FALLEN IM WINTER AN?

Grabgabel, Kantenstecher, Aerifizierungsgabel und andere Geräte säubern und einölen (Rostschutz)

- Messer des Rasenmähers säubern und schärfen (lassen)
- Bewegliche Teile der Geräte ölen

Schadhafte Stellen ausbessern

- Nach dem Vertikutieren kann nachgesät und/oder der Boden mit einem Langzeitdünger versorgt werden (nur bis September).
- Rauen Sie bei kleinen Rasenschäden den Boden mit dem Rechen auf und streuen Sie eine passende Samenmischung („Nachsaatrasen") aus.
- Stechen Sie größere Schadstellen mit dem Spaten aus und heben Sie das Rasenstück ab.
- Lockern Sie den Boden mit der Grabgabel auf und passen Sie ein Stück Rasensode (z.B. ein Stück Rollrasen) ein. Festtreten und ein Sand-Erde-Gemisch in die Fugen streuen.

Letzte Rasenkosmetik

- Im Herbst landen zwangsläufig größere Mengen Blätter, je nach Garten auch Fallobst, auf dem Rasen.
- Im feuchten Herbstwetter besteht die Gefahr, dass sich unter den feuchten Blättern Pilze ausbreiten und der Rasen langfristig leidet.
- Rechen Sie daher an trockenen Tagen die Blätter und herabgefallenen Zweige möglichst zeitnah vom Rasen.
- Betreten Sie den Rasen wegen des feuchten Bodens nur noch, wenn es unbedingt erforderlich ist.

KOSMOS

SOFORTHELFER

Warten Sie nicht zu lange, um alle wasserführenden Teile – Gartenschläuche, Schlauchtrommeln, Rasensprenger, Gießstäbe – zu entleeren und sicher und frostfrei zu verstauen. Es wäre ärgerlich, wenn ein früher Nachtfrost Sie zum Platzen bringt. Denken sie auch daran, die Wasserleitung in den Garten abzustellen und am Ventilhahn zu entleeren.

DIE
25
SCHNELLSTEN
ANTWORTEN

RASENPROBLEME

ALS INTENSIVKULTUR – MIT GRAS ALS EINZIGEM PFLANZENTYP AUF KLEINEM RAUM – IST RASEN BESONDERS ANFÄLLIG GEGENÜBER SCHÄDLINGEN UND KRANKHEITEN. WÄHREND SICH MANCHE SCHÄDEN SCHON WÄHREND DER ANLAGE DER RASENFLÄCHE ODER DURCH DIE RICHTIGE PFLEGE VERMEIDEN BZW. ABSTELLEN LASSEN, ERFORDERN ANDERE EINEN ETWAS HÖHEREN AUFWAND.

VERRÄTERISCHE SPUREN

Wenn in schöner Regelmäßigkeit Erdhäufchen im Rasen auftauchen, waren Maulwürfe oder Wühlmäuse am Werk. Ästheten, die ihren Zierrasen lieben, fallen auch die winzigen Erdhäufchen der Regenwürmer auf – eigentlich hervorragender „Wurmkompost". Bei ihnen sind Gelassenheit und eine halbe Stunde Arbeit mit dem Rechen meist sinnvoller als verzweifelte Versuche, die Verursacher loszuwerden.

NATUR GEWINNT

Moos, Algen, Flechten und Unkräuter sind sehr häufig ein Zeichen für Fehler bei der Anlage oder Pflege des Rasens. So sind Moose zwar Überlebenskünstler, verdrängen ihre Konkurrenten aber nur unter bestimmten Standortbedingungen. Nachsaat mit geeignetem Grassamen, Bodenverbesserungen, Vertikutieren, Aerifizieren, regelmäßiges Mähen und Düngen helfen dabei, das Gleichgewicht zugunsten der Gräser zu verschieben. Ansonsten bleibt nur übrig, hartnäckige Unkräuter einzeln auszustechen oder mit Moos und Gänseblümchen & Co. Frieden zu schließen.

UNSICHTBARE SCHADERREGER

Unterirdisch lebende Insektenlarven bleiben so lange verborgen, bis die Folgen ihrer Tätigkeit sichtbar werden. Noch unangenehmer sind Pilze, die für einige Erkrankungen des Rasens verantwortlich sind. Gegenmaßnahmen sind nicht immer leicht, aber grundsätzlich möglich, wenn der Verursacher erkannt ist. Selbst ökologisch verantwortungsvollen Gärtnern, die keine Chemie im Garten einsetzen möchten, bieten sich Möglichkeiten, Abhilfe zu schaffen.

MOOS

WO
BILDET SICH MOOS?

- Auf schattigen Flächen
- Auf staunassem Boden
- Auf verdichtetem Boden
- Auf saurem Boden
- Auf nährstoffarmem Boden

WAS
HILFT GEGEN MOOS?

- Schattenrasen
- Austausch des Bodens
- Vertikutieren & Aerifizieren
- Moosvernichter
- Kalken
- Regelmäßiges Düngen

Hartnäckiges Moos

- Moos ist eine Sporenpflanze, die sich nur auf feuchten, nährstoffarmen, leicht sauren Böden gegen Gras durchsetzen kann.
- Versetzen Sie tonige, verfestigte Böden schon bei der Anlage des Rasens mit Sand und Kompost; eine Verbesserung des Bodens ist zwar auch später noch möglich, bedeutet aber partiellen Austausch eines Rasenstücks.
- Säen Sie an schattigeren Stellen Schattenrasen aus.
- Lassen Sie den Rasen im Schatten etwas höher wachsen.

KOSMOS

SOFORTHELFER

Wenn das Moos auf jeden, wie auch immer gearteten Vernichtungsversuch mit umso besserem Wachstum antwortet, sollten Sie vielleicht der Natur ihr Recht lassen – offensichtlich arbeiten die herrschenden Standortfaktoren zugunsten des Mooses. Schließlich bildet auch Moos eine geschlossene, grüne Fläche.

Vertikutieren fördert den Graswuchs

- Regelmäßiges Vertikutieren und Aerifizieren verbessert die Durchlässigkeit des Bodens und fördert den Graswuchs.
- Rechen Sie Reste des Rasenfilzes heraus, denn darunter entwickelt sich Moos besonders gut.
- Verteilen Sie anschließend Sand auf der Fläche („Absanden").

Mit Dünger gegen das Moos

- Bestens mit Nährstoffen versorgte Graspflanzen unterdrücken das Moos, sofern keine anderen Faktoren das Mooswachstum begünstigen.
- Entscheiden Sie sich bei hartnäckigem Moosbefall für Dünger mit Moosvernichter, wie Eisen (II)-sulfat.
- Düngen Sie sauren Boden mit kalkbetontem Dünger.

ALGEN & FLECHTEN

WO
BILDEN SICH ALGEN & FLECHTEN?

- Im Schatten
- Auf schlecht dräniertem und/oder verdichtetem Boden
- Algen sogar schon bei Staunässe nach Sommerregen

WAS
TUN GEGEN ALGEN & FLECHTEN?

- Abrechen
- Absanden
- Vertikutieren und Aerifizieren
- Einarbeiten von Sand und Kompost
- Austausch des Bodens

Algen & Flechten – typische Merkmale

- Algen brauchen durchgehend feuchte Bedingungen und haben auf trockenen, besonnten Rasenflächen keine Chance gegen Gras.
- Algen treten als dunkelgrüne bis fast schwarze, gelegentlich auch schleimige Flecken im Rasen auf.
- Flechten sind Mischwesen aus Algen und Pilzen, die als blättrige bis lappige Strukturen auftreten.
- Algen und Flechten verschwinden nur, wenn Sie die Bedingungen dauerhaft zugunsten des Grases verbessern.

Algen & Flechten entfernen

- Gegen Flechten & Algen helfen dieselben Maßnahmen, mit denen Moos aus dem Rasen entfernt wird. Entscheidend ist dabei eine nachhaltige Verbesserung des Wasserabzugs, also der Dränage.
- Streuen Sie nach dem Vertikutieren und Aerifizieren großzügig Sand über die Fläche; Sand beschleunigt das Austrocknen der Oberfläche.
- Rechen Sie die trockenen Grasreste sorgfältig ab.
- Bessern Sie Lücken im Rasen mit Nachsaatrasen (Schattenrasen) oder mit Rasen-Reparatur-Pads aus.

KOSMOS

SOFORTHELFER

Bei starkem Befall mit Algen und Flechten bleibt nach dem Austrocknen ein verkrusteter Belag auf dem Rasen zurück. Schaben Sie den Belag ab oder heben Sie, noch wirkungsvoller, mit dem Spaten den gesamten Bereich mit der Grassode ab. Arbeiten Sie Sand und Kompost in den Boden ein und säen Sie neuen Rasen aus.

HÄUFIGE UNKRÄUTER

WELCHE
EINJÄHRIGEN (SAMEN-) UNKRÄUTER GIBT ES?

- Behaartes Schaumkraut *(Cardamine hirsuta)*
- Hirtentäschel *(Capsella bursa-pastoris)*
- Gewöhnliches Kreuzkraut *(Senecio vulgaris)*
- Vogelmiere *(Stellaria media)*

WELCHE
MEHRJÄHRIGEN (WURZEL-) UNKRÄUTER GIBT ES??

- Ackerkratzdistel *(Cirsium arvense)*
- Ackerwinde *(Convolvulus arvensis)*
- Hahnenfuß *(Ranunculus acris* & *R. repens)*
- Kleine Braunelle *(Prunella vulgaris)*
- Kleiner Sauerampfer *(Rumex acetosella)*
- Mastkraut *(Sagina procumbens)*
- Wegerich (*Plantago*-Arten)

Weißklee
(Trifolium repens)

- Weißklee ist ein mehrjähriges Schmetterlingsblütengewächs, dessen weiße Einzelblüten in einem kugeligen Köpfchen stehen.
- Er hat eine kräftige Pfahlwurzel, dreizählige Blätter und kriechende Stängel, die sich an den Knoten bewurzeln.
- Der Blütennektar lockt Bienen an.

Löwenzahn
(Taraxacum officinale)

- Löwenzahn ist ein mehrjähriges Korbblütengewächs mit großen, gelben Blüten und Früchten mit Flugschirmchen („Pusteblume").
- Die langen, gezackten Blätter liegen in einer Rosette dicht auf dem Boden an.
- Bis metertiefe Pfahlwurzel, weißer Milchsaft.

Gänseblümchen
(Bellis perennis)

- Das Gänseblümchen gehört zu den Korbblütengewächsen und dürfte eines der häufigsten Rasenunkräuter sein.
- Trotz seiner kurzen Wurzeln ist es hartnäckig, weil der Rasenmäher über die Blattrosette hinweg mäht.
- Der Blütenstand aus weißen Zungenblüten schließt sich abends und bei schlechtem Wetter.

Ehrenpreis
(Veronica-Arten)

- Im Rasen können mehrere Ehrenpreisarten auftreten. Häufig sind der Persische (*V. persica*) und der Faden-Ehrenpreis (*V. filiformis*).
- Der einjährige Persische Ehrenpreis bildet keine kriechenden Stängel.
- Der Faden-Ehrenpreis ist mehrjährig mit kriechenden Stängeln, die sich an den Knoten bewurzeln.

KOSMOS

SOFORTHELFER

Viele Menschen sehen „Wildblumen" als eine Bereicherung des Gartens an. Doch Vorsicht: Die meisten mehrjährigen Unkräuter mit tief reichenden Wurzeln oder kriechenden Stängeln setzen sich dauerhaft fest. Haben sie den Rasen erst einmal erobert, geben sie ihre Stellung nicht mehr auf. Wenn Sie Wert auf einen Zierrasen legen – wehren Sie den Anfängen.

UNKRÄUTER BEKÄMPFEN

WIE
BREITEN SICH UNKRÄUTER AUS?

- Einjährige über Samen
- Mehrjährige über Samen und vegetativ (z.B. über Wurzeln und unterirdische Ausläufer)
- Oberirdisch schlingende/rankende Unkräuter treiben Wurzeln

WAS
TUN GEGEN UNKRÄUTER?

- Regelmäßige Rasenpflege
- Jäten per Hand vor der Blüte
- Ausstechen mit Unkrautstecher
- Herbizide als letztes Mittel

Vorbeugende Rasenpflege

- Je dichter und gesünder die Grasnarbe, desto weniger Chancen haben die Unkräuter, sich gegen die Konkurrenz durchzusetzen.
- Mähen Sie regelmäßig, aber nicht zu tief.
- Halten Sie sich an die Düngetermine – und die richtige Menge!
- Verbessern Sie die Wachstumsbedingungen für Gräser durch regelmäßiges Vertikutieren und Aerifizieren.
- Bessern Sie Lücken im Rasen rasch durch Nachsaat oder Rasenfliesen aus.

Manchmal hilft nur Handarbeit

- Gegen hartnäckige Wurzelunkräuter, wie den tief wurzelnden Löwenzahn oder Wegerich, hilft nur Handarbeit.
- Stechen Sie die Wurzel mit Unkrautstecher oder Handgabel aus.
- Langstielige Unkrautstecher (Tretstecher) schonen den Rücken; sie hebeln die Unkrautwurzel aus dem Boden.

Das letzte Mittel

- Setzen Sie Herbizide nur im äußersten Notfall ein.
- Sie beeinflussen als Pflanzenhormone das Wachstum zweikeimblättriger Pflanzen (Gräser sind einkeimblättrig).
- Lösen Sie das Herbizid nach Packungsangabe auf und verteilen Sie es gezielt mit der Gießkanne (Kanne danach gründlich ausspülen).

KOSMOS

SOFORTHELFER

Unkräuter im Rasen sind lästig, verraten manchmal aber auch Einiges über die Eigenschaften des Bodens. Listen solcher „Zeigerpflanzen" finden Sie in der Fachliteratur oder im Internet. Beispiele sind etwa der Weißklee, der auf Stickstoffmangel oder Löwenzahn und Hahnenfuß, die auf Überdüngung hinweisen. Wo der Schachtelhalm wächst, ist der Untergrund eindeutig zu feucht oder sogar staunass.

PILZKRANKHEITEN

WAS
FÖRDERT DEN PILZWUCHS?

- Feuchter Schatten
- Überdüngung
- Unzureichende Nährstoffversorgung
- Verfestigte Böden mit schlechtem Wasserabzug
- liegengebliebenes Herbstlaub

WAS
SCHÜTZT VOR PILZEN?

- Standortgerechter Rasentyp
- Gute Durchlüftung des Bodens
- Gute Dränage des Bodens
- Optimale Düngung

Schneeschimmel

- Schneeschimmel (*Monographella nivalis*, *Microdochium nivale* und der Graue Schneeschimmel *Typhula incarnata*) zeigen sich in Form von gelben bis grauen Flecken mit rötlich-braunem Rand.
- Er tritt bei Temperaturen von 0 bis 8° C auf; Feuchtigkeit, Überdüngung, Schneebedeckung und Rasenfilz erhöhen das Ausbreitungsrisiko.

Rotspitzigkeit

- Die Rotspitzigkeit wird vom Pilz *Laetisaria fuciformis* verursacht und zeigt sich in Form rot gefärbter Blattspitzen (rote Myzelien) und breitet sich über die Blätter aus.
- Sie tritt ganzjährig bei hoher Luftfeuchtigkeit auf; Dauerformen (Sklerotien) überleben jahrelang im Boden.

Dollarfleckenkrankheit

- Für die Dollarfleckenkrankheit ist ein Pilz *(Sclerotinia homoeocarpa)* verantwortlich, dessen Myzel sich auf den Blättern der Gräser festsetzt, aber nicht in den Boden eindringt.
- Erste Anzeichen sind kleine, strohgelbe Flecken (tote Gräser), die sich ausbreiten und miteinander verschmelzen.
- Besonders gefährdet ist der Rasen im Spätsommer/Herbst auf verdichteten Böden; Boden mit hohem pH-Wert (auch nach Kalken) erhöht das Ausbreitungsrisiko.
- Wie bei allen Pilzerkrankungen hilft nur eine Verbesserung des Bodens; tote Gräser abrechen und Werkzeuge säubern.

KOSMOS

SOFORTHELFER

Ständer- oder Hutpilze – Champignons & Co. – sind nur sogenannte Fruchtkörper, in denen die Sporen entstehen. Diese wachsen zu mikroskopisch feinen Fäden (Hyphen) aus, die in ihrer Gesamtheit (Myzel) den eigentlichen Pilz bilden. Nur wenn die unterirdisch oder auf/in Pflanzen wachsenden Myzelien komplett entfernt werden, verschwinden auch die Symptome des Pilzbefalls.

PILZKRANKHEITEN

WIE BREITEN
SICH PILZE AUS?

- Durch Sporen aus sichtbaren Fruchtkörpern
- Durch Sporen aus mikroskopisch kleinen Sporenträgern
- Durch Zerfall der Myzelien
- Über Dauerstadien (Sklerotien)

WIE KOMMEN
DIE PILZE IN DEN GARTEN?

- Pilzsporen werden vom Wind angeweht.
- Pilzsporen werden von Tieren eingeschleppt.
- Myzelien und Sklerotien werden durch schlecht gereinigte Werkzeuge und Maschinen (Leihgeräte) verbreitet.

Brown Patch

- Der Pilz *(Rhizoctonia solani)* braucht feucht-warme Bedingungen und tritt daher vor allem im Früh- und Spätsommer auf.
- Er dringt sowohl in Wurzeln als auch in Blätter ein und zeigt sich zunächst in braunen Flecken auf den Grasblättern.
- Bei starkem Befall breitet sich der Pilz auf Flächen von bis 1 m Durchmesser aus und hinterlässt hellbraune, verdorrte Gräser.
- Beugen Sie dem Befall durch eine gute Rasenpflege vor.

Hexenringe

- Als Hexenringe bezeichnet man halbkreis- oder kreisförmig aus dem Rasen wachsende Hutpilze.
- Es sind die Fruchtkörper eines unterirdisch wachsenden Myzels, das vom Zentrum des Kreises nach außen wächst. Innerhalb des Pilzrings zeigt sich häufig ein dunkelgrüner Grasring. Das Gras im Zentrum stirbt manchmal ab.
- Graben Sie den gesamten Bereich tiefgründig aus und tauschen Sie den Boden aus – nur so lässt sich das Myzel nachhaltig entfernen.

WÜHLENDE SCHÄDLINGE

WAS
KANN MAN TUN?

Wühlmäuse
- Abwehr durch Pflanzen (Knoblauch, Kaiserkrone, Wolfsmilch u.a.)
- Fallen
- Giftköder

Maulwürfe
- Saure Milch, Essig

Beide
- Lärm
- Mit Petroleum getränkte Lappen
- Vergrämungsmittel

WELCHE
TIERE SIND NATÜRLICHE FEINDE?

- Marder
- Katzen
- Greifvögel

Wühl- und Schermäuse
- Wühlmäuse sind Nagetiere, die zusammen mit Mäusen und Ratten in die systematische Verwandtschaft der „Mäuseartigen" gehören.
- Es sind Pflanzenfresser, die sich über Wurzeln, Knollen und Zwiebeln hermachen – die oberirdischen Teile sterben ab.
- Im Rasen hinterlassen sie leicht aufgewölbte Tunnel und flache Erdhaufen mit Wurzeln.
- Die Tunnel der Schermäuse sind im Querschnitt hochoval, die der Feldmaus rundlich; beide verschließen geöffnete Gänge.

KOSMOS
SOFORTHELFER
Maulwürfe sind fleißige Wühler. Ein aktiver Maulwurf kann täglich bis zu 20 Erdhügel aufwerfen, um die Erde aus seinem Tunnelsystem zu schaffen. Wenn er sich im Garten wohlfühlt, ist er nur sehr schwer wieder zu vertreiben. Ob dazu Lärm reicht, ist umstritten – manche Gärtner schwören auf Rasenmähen. Die sicherste Methode scheint die Vergrämung durch starke natürliche oder künstliche Gerüche zu sein.

Maulwürfe

- Maulwürfe sind Fleischfresser und gehören zur Ordnung der Insektenfresser.
- Sie lassen die Gartenpflanzen in Ruhe und fressen unterirdisch lebende Schädlinge und Insektenlarven – allerdings auch die nützlichen Regenwürmer.
- Lästig sind sie, weil sie als Aushub ihrer Gänge (im Querschnitt queroval) stattliche Erdhaufen auf der Rasenfläche hinterlassen; Maulwürfe verschließen geöffnete Gänge nicht, sondern graben einen neuen.
- Da Maulwürfe zu den geschützten Tierarten gehören, dürfen sie weder vergiftet noch gefangen werden.

GRASWURZELFRESSER

WANN
SIND DIE TIERE AKTIV?

- Maulwurfsgrillen: Frühling bis Früh-sommer
- Schnakenlarven: April und Mai
- Regenwürmer: sichtbar nach Regen

WAS
FRESSEN SIE?

- Maulwurfsgrillen: Insekten und Würmer, Wurzeln und Knollen
- Schnakenlarven: Graswurzeln
- Regenwürmer: Nur totes Pflanzenmaterial, das sie in den Boden ziehen

Maulwurfsgrillen

- Die bis 5 cm langen Maulwurfsgrillen legen mit den zu Grabschaufeln umgewandelten Vorderbeinen ausgedehnte Gänge an.
- Zur Paarungszeit im Frühsommer fliegen sie aus und die Weibchen legen 200 bis 500 Eier in eine Erdhöhle, aus der die Larven schlüpfen – sie überwintern.
- Sie verraten sich durch welke, absterbende Pflanzen.
- Zur Bekämpfung Bruthöhlen ausgraben, Fallen stellen, Nematoden als Parasiten und Insektizide.

Schnakenlarven

- Schnakenweibchen legen ihre Eier in feuchten Boden; daraus schlüpfen die 3 bis 4 cm langen, braunen Larven.
- Der Befall zeigt sich in Form welkender bis brauner Flecken im Gras.
- Zur Bekämpfung die Fläche anfeuchten, mit schwarzer Folie abdecken und Larven absammeln; parasitierende Nematoden gibt es im Gartenfachhandel.

Regenwürmer

- Regenwürmer sind Nützlinge, die totes Pflanzenmaterial fressen und als „Wurmkompost" ausscheiden.
- Dabei lockern sie den Boden auf.
- In verdichteten Böden zeigen sie sich nach Regenfällen an der Oberfläche.
- Aerifizieren und Sand verteilen; größere Mengen absammeln und auf den Kompost bringen.

KOSMOS

SOFORTHELFER

Ameisen sind eher nützlich als schädlich, hinterlassen in größeren Kolonien aber lästige Erdhäufchen im Rasen. Die ökologisch „sauberste" Methode ist das Umsiedeln: Stülpen Sie einen mit Stroh oder Holzwolle gefüllten Blumentopf über eine Ameisenstraße. Nach etwa einer Woche sollten die Ameisen ihr neues Heim angenommen haben und lassen sich umsiedeln.

UMWELT- & PFLEGESCHÄDEN

WARUM

WÄCHST DER RASEN SPÄRLICH?

- Bleibt der Rasen bis in den Frühsommer hinein lückenhaft, mit blassgrünen bis gelblichen Halmen, dann liegt das meist am Boden oder an fehlender Düngung.
- Häufig ist der Boden verdichtet. Oder es mangelt an Humus, sodass kaum Nährstoffe und Wasser gespeichert werden.
- Zuweilen ist auch der pH-Wert des Bodens zu hoch oder zu niedrig.

WAS

HILFT BEI DER DIAGNOSE?

- Überprüfen Sie zunächst, ob sich typische Schadbilder verbreiteter Pilzkrankheiten oder Schädlinge (S. 86-93) erkennen lassen.
- Durch stellenweises Aufgraben und Herausziehen einzelner Büschel kann man oft schon Bodenprobleme und Ursachen für Wurzelschäden näher eingrenzen.
- Eine Bodenuntersuchung (S. 43) gibt Aufschluss über Nährstoff- und Humusgehalte sowie pH-Wert.

Trocken- und Hitzeschäden

- Spätestens, wenn die Gräser erschlaffen und sich ins Graue verfärben, wird es Zeit zum Beregnen.
- Werden sie schon strohfarben bis bräunlich, ist gründliches Bewässern angesagt, um den Neuaustrieb zu fördern.
- Regt sich trotzdem nach 2 bis 3 Wochen nichts, sät man besser nach.

Frostschäden

- Rasengräser vertragen Frost meist recht problemlos. Werden sie allerdings im Herbst sehr kurz geschnitten, kann bei starken Frösten der Wurzelbereich durchfrieren.
- Viel häufiger sind unschöne Spuren durch Betreten oder Befahren mit der Schubkarre (Bild) bei Frost, Raureif oder Schneebelag. Schlimmstenfalls muss nachgesät werden.

KOSMOS

SOFORTHELFER

Viele Wuchsstörungen können Sie bereits beheben, wenn Sie die Tipps im Kapitel „Rasenpflege“ (S. 52 bis 75) wie eine Checkliste durchgehen und so herausfinden, wo es eventuell hakt. Manchmal bewirken schon gründlicheres Beregnen sowie bessere Düngung kleine Wunder. Und mit Vertikutieren und Aerifizieren lassen sich so manche „Strukturprobleme“ lösen.

Dürre Flecken

- Unregelmäßige gelbe bis braune Flecken können ganz unterschiedliche Ursachen haben.
- Dazu gehören z. B. Pilzkrankheiten oder Bodenschädlinge wie die Wiesenschnake.
- Auch Trockenschäden kommen infrage, ebenso eine Verbrennung durch stellenweises Überdüngen.

Hundemarkierungen

- Ist das Gras rund um den Fleck sattgrün und besonders wüchsig (siehe Bild), deutet das auf Schäden durch Hundeurin hin.
- Wo das Aussperren durch Zäune nicht möglich oder der eigene Hund unterwegs ist, können (ungiftige) Fernhaltemittel helfen. Sie müssen allerdings alle paar Wochen und nach jedem Regen neu ausgebracht werden.

KAHLE STELLEN REPARIEREN

WANN
WIRD AM BESTEN AUSGEBESSERT?

- Für das Nachsäen ist Mitte April bis Ende Mai die beste Zeitspanne, ansonsten der September.
- Mit Rollrasen oder Rasen-Reparatur-Pads können Sie Kahlstellen ab Mitte März bis Oktober flicken. Meiden Sie aber allzu trockene, heiße Wochen.

WIE
KANN ICH UNEBENHEITEN BESEITIGEN?

- Um größere Mulden oder Buckel einzuebnen, schneidet man am besten die Grasnarbe mit einem Kantenstecher oder Spaten kreuzweise ein.
- Dann löst man die Grassoden entlang der Einschnitte ab und biegt die so entstehenden Flügel behutsam zur Seite.
- Nun kann man Mulden mit einem Erd-Sand-Gemisch auffüllen bzw. überstehende „Hügel" abtragen.
- Nach leichtem Andrücken des Bodens klappt man die Flügel zurück, tritt sie fest und füllt die Fugen auf.

Den Boden vorbereiten

- Stechen Sie den verkahlten Bereich rundum sauber mit dem Spaten ab.
- Tragen Sie die oberste Schicht vorsichtig ab und lockern Sie den Boden gründlich; bei Verdichtungen am besten mit der Grabegabel.
- Mischen Sie humose Erde und etwas Sand unter, füllen Sie bis auf Bodenniveau auf und ebnen Sie die Oberfläche.

Gezielt nachsäen

- Das Nachsäen gelingt am besten mit schnellkeimenden Nachsaat- oder Reparaturmischungen.
- Noch einfacher geht es mit Saatplatten („Pads"), die sich beliebig zuschneiden lassen. Neben den Samen enthalten sie auch Keimsubstrat und Dünger.
- Halten Sie die Nachsaat bis zum Anwachsen gleichmäßig feucht.

KOSMOS

SOFORTHELFER

Bei kleinen Lücken fällt es kaum auf, wenn die Nachsaat etwas anders zusammengesetzt ist als der Rest des Rasens. Umfangreiche Ausbesserungen können allerdings ins Auge fallen, besonders bei einem attraktiven Zierrasen. Dann sollte man möglichst dieselbe Saatmischung wählen, auch wenn sie nicht ganz so schnell keimt wie das übliche Reparatursaatgut.

Mit Fertigrasen ausbessern

- Mit Fertig- bzw. Rollrasenplatten sind die Lücken schnell geschlossen.
- Die Platten müssen bald nach Erhalt verlegt werden, spätestens am übernächsten Tag.
- Da man meist nur ein bis zwei Rollen zum Ausbessern braucht, sollte man sich nach einer Quelle zum Abholen umsehen, um Lieferkosten zu sparen.

Einsetzen der „Fertigflicken"

- Die Flickstellen werden vorbereitet wie beim Nachsäen, wobei oben genug Platz (etwa 3 cm) für das Wurzelwerk der Rasenplatte bleiben muss.
- Für das passgenaue Zuschneiden kann eine einfache Schablone hilfreich sein.
- Füllen Sie die Fugen rund um den Flicken mit Erd-Sand-Gemisch auf und gießen Sie gründlich an.

KOMPLETTE RASENSANIERUNG

WO

LOHNT SICH DAS NACHSÄEN?

- Struppige Rasenpartien treten meist nach langen Hitzeperioden oder strapaziösen Wintern auf.
- Bedeckt die Grasnarbe noch weitgehend die Fläche und ist der Boden in Ordnung, kann eine Nachsaat bald wieder für einen schönen grünen Teppich sorgen.

WANN

WIRD BESSER UMGEBROCHEN?

- Ist der Boden verdichtet, lässt sich der Rasen oft durch Aerifizieren retten. Wurde allerdings ein sehr tonhaltiger Boden vor der Rasenanlage kaum gelockert, bleibt manchmal nur das Umbrechen (Umgraben) mit gründlicher Bodenverbesserung vor der Neusaat.
- Ähnlich verhält es sich mit armen, sandigen Böden, die kräftig mit Humus angereichert werden sollten.
- Eine Radikalkur ist auch ratsam, wenn sich hartnäckige Unkräuter sehr stark ausgebreitet haben.

Strapaziertes Grün

- Sieht Ihr Rasen im Frühjahr so aus wie auf dem Bild, werden zwar noch ein paar Gräser sprießen, doch mit einer sattgrünen Rasendecke ist so kaum zu rechnen.
- Das Nachsäen der gesamten Fläche bringt den Rasen wieder in Schuss und beugt der Ausbreitung von Unkräutern vor.

Zeit zum Auffrischen

- Zum Ausbessern empfiehlt sich eine gute Nachsaatmischung mit schnell keimenden Gräsern. In der Regel genügen 20 bis 25 g/m².
- Gesät wird am besten zwischen Mitte April und Ende Mai oder im September. Für spätes Nachsäen gibt es auch spezielle Herbstsaatmischungen.

KOSMOS

SOFORTHELFER

Eine nur 1 bis 2 cm hohe Erdschicht, die vor dem Säen über der kurz gemähten Grasnarbe ausgebracht wird, kann das Keimen fördern. Dafür eignet sich guter Gartenboden, dem man rund ein Drittel voll ausgereiften Kompost sowie etwas Sand untermischt. Als Alternative bietet sich Rasenerde aus dem Fachhandel an, die meist auch schon Starterdünger enthält.

Vorbereiten und Nachsäen

- Zunächst wird der verbliebene Rasen sehr kurz gemäht, auf 2 bis 3 cm. Dann folgt gründliches Vertikutieren. Rechen Sie Filz und Moose sorgfältig ab.
- Vor dem Säen wird am besten ein Rasen-Starterdünger ausgebracht.
- Streuen Sie die Nachsaatmischung möglichst gleichmäßig aus.

Nach der Neusaat

- Das Saatgut wird leicht eingeharkt und angedrückt oder mit einer rund 1 cm dünnen Schicht Rasenerde abgedeckt.
- Bewässern Sie mit feinem Sprühstrahl und achten Sie die nächsten 4 Wochen auf gleichmäßige Feuchtigkeit.
- Wenn die Gräser 8 bis 10 cm hoch sind, wird zum ersten Mal gemäht, auf 4 bis 5 cm.

DIE 15 SCHNELLSTEN ANTWORTEN

BLUMENWIESE & BLUMENRASEN

WENIGER PFLEGEAUFWAND, MEHR ABWECHSLUNG, MEHR NATUR IM GARTEN: ES GIBT VIELE GUTE GRÜNDE, SICH NACH ALTERNATIVEN ZUM RASEN UMZUSEHEN ODER ZUMINDEST DEN PRAKTISCHEN GRÜNEN TEPPICH EIN WENIG AUFZULOCKERN. SCHON BEIM RASEN GIBT ES EINE REIHE VON VARIANTEN, JE NACH STANDORT UND VORLIEBE. KOMMEN BLUMENWIESE UND BODENDECKER DAZU, BIETET SICH EINE GROSSE UND ATTRAKTIVE AUSWAHL FÜR FAST JEDEN BEGRÜNUNGSZWECK.

LEBHAFTE BLUMENWIESE

Die schönste Alternative zum Einheitsgrün ist eine Wiese mit einer Vielfalt an farbenfrohen Wildblumen. Das wissen auch Wildbienen, Schmetterlinge und andere nektarsuchende Insekten zu schätzen. Am Wiesengrund finden etliche Kleintiere ein Refugium und selbst Vögel lassen sich im Umfeld einer Wiese häufiger blicken. Die Blumenwiese ist allerdings kein Rasenersatz, denn sie lässt sich kaum begehen.

UNGETRÜBTE WIESENFREUDEN

Bunte Wiesenbilder wecken manchmal Erwartungen, die zu Enttäuschungen führen. Blumenwiesen sind zwar pflegeleicht, bedürfen aber einiges an Vorbereitungen und Geduld, damit sie auf Dauer befriedigen. Und man muss sich darauf einstellen, dass sich ihre Zusammensetzung und damit ihr Anblick im Lauf der Zeit deutlich verändern können.

BODENDECKER MIT CHARME

„Bodendecker" klingt nüchtern und zweckmäßig und erinnert viele zuerst an den allgegenwärtigen Cotoneaster auf öffentlichen Grünflächen. Doch darunter finden sich auch reizvolle Vertreter wie Fiederpolster und Teppichverbene, die sich fast wie Rasen nutzen lassen. Mit teppichbildenden Kräutern wie Rasenkamille oder Thymian wird sogar die Nase verwöhnt.

GRASPARTNER & ALTERNATIVEN

WAS
SIND WILDBLUMEN?

- Streng genommen handelt es sich um heimische Arten, die an Naturstandorten vorkommen – und oft unter Schutz stehen, also nicht ausgegraben werden dürfen.
- Wildblumen für den Garten wachsen eher in menschlich beeinflussten Räumen, vor allem auf Wiesen oder an Ackerrändern.
- Sie werden von seriösen Anbietern unter Beachtung von Naturschutzbestimmungen vermehrt und züchterisch kaum bearbeitet.

WIE STEHT'S
MIT NICHT HEIMISCHEN BLUMEN?

- Etliche „unserer" Blumen stammen ursprünglich aus anderen Ländern, sind aber schon lange eingebürgert, so etwa Nachtviole und Wild-Lupine.
- In Wiesenmischungen finden sich allerdings auch fremdländische Pflanzen wie Sonnenblume und Duftwicke.
- Da auch solche Arten den Insekten Nektar liefern, sind sie eine schöne Bereicherung der „Wiese" im Garten.

Einjährige Wildblumen

- Einjährige wie Klatschmohn, Kornblume und Ringelblume blühen besonders auffällig und oft den ganzen Sommer lang.
- Sie ziehen zahlreiche Bienen und andere Insekten an.
- Meist sind sie aber schon nach ein bis zwei Jahren verschwunden und weichen dann mehrjährigen Pflanzen.

Mehrjährige Wildblumen

- Die auch als Kräuter bezeichneten Wildstauden wie Margeriten, Flockenblumen und Wiesenknopf erscheinen jedes Jahr aufs Neue – wenn sie nicht durch wüchsigere Arten verdrängt werden.
- Im Rasen oft als „Unkräuter" geschmäht, bereichern Gänseblümchen, Schafgarbe und Ehrenpreis die Szenerie als robuste Blüher.

Rasenartige Bodendecker

- Wo kein Rasen wächst oder gewünscht ist, stehen etliche Bodendeckerstauden zur Verfügung, für prallsonnige wie für schattige Plätze.
- Als Rasenersatz im engeren Sinne sind begehbare Bodendecker wie Teppichverbene und Fiederpolster (Bild) besonders interessant.

Duftende Kräuter

- Schon manche Wiesen- und Bodendeckerstauden umschmeicheln die Nase mit aromatischem Geruch.
- Mit Rasenkamille, Thymian-Arten (Bild) und Polei-Minze lässt sich sogar ein Duftrasen anlegen, der – zumindest in Maßen – begehbar ist.

KOSMOS

SOFORTHELFER

Eine besondere Gruppe unter den Wiesenblumen sind die Leguminosen (Schmetterlingsblütler) wie Inkarnatklee, Wiesenplatterbse und Lupine. Sie blühen nicht nur ansehnlich, sondern vermögen auch Stickstoff aus der Luft zu binden. Leguminosen können sich allerdings mit der Zeit stark ausbreiten, deshalb sollte ihr Anteil nicht allzu hoch sein.

BLUMENRASEN & KRÄUTERRASEN

WAS IST EIN
BLUMEN- ODER KRÄUTERRASEN?

- Ein Blumenrasen schmückt sich mit den Blüten von Wildstauden (= Kräutern), besteht aber hauptsächlich aus robusten, schnittfesten Gräsern.
- Wird er mehr als zwei bis dreimal im Jahr gemäht, behält er seinen Rasencharakter und bleibt – in Maßen – begehbar.
- Für bunte Blütentupfer sorgen niedrige, naturnahe Stauden wie Schafgarbe, Heide-Nelke, Leimkraut, Braunelle, Wiesen-Salbei und Herbstlöwenzahn.

WIE KOMMT MAN
ZU EINEM BLUMENRASEN?

- Einen vorhandenen Rasen kann man einfach verwildern lassen, indem man nach und nach seltener mäht und auf das Düngen verzichtet. Gezielt eingestreute Wildstauden bereichern die Szenerie.
- Wo Flächen neu begrünt werden sollen, sind spezielle Blumenrasenmischungen besser geeignet.

Saatgut für den Blumenrasen

- Geeignete Saatgutmischungen werden unter der Bezeichnung Blumen- oder Kräuterrasen angeboten. Als Regelsaatgutmischung für diesen Zweck gibt es den „Gebrauchsrasen – Kräuterrasen" (RSM 2.4).
- Die enthaltenen Gräser wachsen schwächer als normale Rasengräser, sodass sich die Blütenstauden (mit bis zu 20 % Anteil) besser entwickeln.

Geeignete Standorte

- Blumenrasen gedeiht am besten und besonders vielfältig an sonnigen, trockenen und nährstoffarmen Standorten.
- Bei nährstoffreichen sowie recht tonhaltigen Gartenböden empfiehlt sich das „Abmagern", indem man bei der Bodenvorbereitung kräftig Sand untermischt.

KOSMOS
SOFORTHELFER
Je seltener der Blumenrasen gemäht und betreten wird, umso größer ist die Artenvielfalt, die sich einstellt. Mindestens 3 Schnitte im Jahr sollten es allerdings sein, sonst können sich manche Wildstauden nicht durchsetzen. Und bei einem recht nährstoffreichen Boden kommt häufigeres Mähen und Abrechen in den ersten Jahren dem Abmagern zugute.

Blumenrasen säen

- Günstig ist ein Saattermin zwischen Mitte April und Ende Mai.
- Der Boden wird gründlich gelockert, von Pflanzenresten befreit und geebnet. Wichtig ist eine feinkrümelige Saatoberfläche.
- Das Saatgut wird gleichmäßig verteilt, leicht eingeharkt und etwas angedrückt. Sorgen Sie bis zum Anwachsen für gleichmäßige Feuchtigkeit.

Blumenrasen mähen

- Für den Schnitt genügt normalerweise ein leistungsstarker Rasenmäher. Mähen können Sie ganz nach Bedarf drei bis sechsmal im Jahr, mit einer Schnitthöhe zwischen 4 und 8 cm.
- Günstig ist ein letzter Schnitt im Herbst (auf etwa 5 cm): So können sich im Frühjahr die zeitigen Blüher gut entfalten.

BLUMENWIESEN

WAS MACHT
EINE BLUMENWIESE AUS?

- Blumenwiesen sind eine ausgewogene Mischung aus Wildblumen und nicht allzu stark wachsenden Gräsern.
- Die Blumen sollten etwa die Hälfte der Saatgutmischungen ausmachen. Sie umfassen hoch und niedrig wachsende Arten, wobei die mehrjährigen Blüher deutlich überwiegen sollten.

WOMIT SOLLTE
MAN RECHNEN?

- Blumenwiesen können überraschen, im Guten wie im Schlechten: Sie entwickeln sich je nach Standort und Schnitthäufigkeit recht unterschiedlich.
- Sie müssen zwar nur ein bis zweimal im Jahr gemäht werden; dafür brauchen Sie aber eine Hand- oder Motorsense oder einen Balkenmäher.
- Blumenwiesen sind nicht trittverträglich: Schon gelegentliches Durchlaufen kann zu unschönen Lücken führen.

„Prunk"-Blumenwiesen

- Am schönsten sind Wiesen, in denen Klatschmohn, Kornblume und andere auffällige Blüher dominieren. Doch diese einjährigen Blumen verschwinden oft schon nach dem ersten Jahr.
- Ist der Rest der Mischung nicht ausgewogen, machen sich bald Ampfer, Disteln und andere unerwünschte Pflanzen breit.

Ausgewogene Universalmischungen

- Gute Wiesenmischungen bieten zwar auch Klatschmohn & Co., verzichten aber auf typische Gartenzierblumen.
- Sie enthalten neben Einjährigen und Gräsern ein breites Spektrum von bis zu 50 verschiedenen mehrjährigen Blumen, die sich je nach Boden und Standort unterschiedlich durchsetzen.
- So gibt es immer genug Arten, die dauerhaft für buntes Wiesenflair sorgen.

Fettwiesen

- Fettwiesenmischungen sind auf nährstoffreiche, frische Böden zugeschnitten, mit rund 30 % Blumen (überwiegend mehrjährige Arten).
- Damit können Sie auch auf normalen Gartenböden eine arten- und blütenreiche Wiese anlegen, in der Knöterich, Ampfer oder Giersch nicht die Vorherrschaft übernehmen.

Magerwiese, Magerrasen

- In der freien Landschaft gedeiht in sonnigen Wiesen auf nährstoffarmen, trockenen Böden eine einzigartige Vielfalt an anmutigen Blühern.
- Dies kann man mit einer Magerrasenmischung auch im Garten bekommen, wenn die Standortverhältnisse stimmen. Normaler, nährstoffreicher Gartenboden muss über Jahre abgemagert werden – also das Mähgut entfernen und nicht düngen!

MIT BLUMENWIESEN GESTALTEN

WELCHES
IST DER BESTE STANDORT?

- Blumenwiesen vertragen zwar ein paar schattige Stunden, entwickeln sich aber in voller Sonne am besten.
- Nahe der Terrasse oder am Gartensitzplatz fällt die bunte Naturoase besonders ins Auge. Sie müssen sich dann aber darauf einstellen, dass Bienen, Hummeln und Wespen häufiger zu Besuch kommen.

WIE
„KINDERVERTRÄGLICH" SIND BLUMENWIESEN?

- Für Kinder kann es spannend sein, immer wieder neue Blüten zu entdecken und dem munteren Insektentreiben zuzusehen.
- Kleine Wiesenforscher sollten allerdings vor allzu engem Kontakt mit Bienen & Co. gewarnt und behütet werden.
- Ausgesprochene Giftpflanzen kommen in Wiesenmischungen selten vor. Trotzdem sollte man unbedingt darauf achten, dass Kinder keinerlei Blumen „verkosten"!

Wiese mit Pfaden

- Bei dem teils hohen Aufwuchs kommt man mit einzelnen Trittplatten nicht weit. Wer durch seine Wiese wandeln möchte, legt besser einen rustikalen Pfad an, z. B. mit Natursteinplatten.
- Sehr harmonisch sind Rasenwege, die durch die Wiese führen.

Wildblumeninseln im Rasen

- Schon eine Mini-Insel mit Wiesenblumen verleiht dem Rasen lebendigen Charme.
- Je nach Umfang und Nutzung des Rasens bieten sich reizvolle Möglichkeiten mit kleinen, verstreuten Flecken bis zu größeren, unregelmäßig geformten Blumeninseln.

KOSMOS
SOFORTHELFER
Aufgepasst: Akkurater Zierrasen und Blumenwiese sind keine gute Nachbarschaft. Denn mit etwas „Spontanflora" im Rasen muss man bei solchen Kombinationen leben. Robuste Strapazier- oder gar Landschaftsrasen passen besser zur Wiese. Wichtig ist es auch, darauf zu achten, dass die Blumenwiese von Rasendünger und -beregnung möglichst verschont bleibt.

Wiesenstreifen

- Bei genügend Platz lässt sich das „Insel-Konzept" zu breiten, langen Streifen im Rasen ausdehnen.
- So können sich vielfältigere Wiesengesellschaften entwickeln und die unterschiedliche Pflege von Rasen und Wiese wird einfacher.

Wiesensäume

- Wiesenstreifen wirken reizvoll, wenn sie den Rasen einrahmen oder sonnige Ränder von Gehölzgruppen säumen.
- Zwischen Sträuchern und Wiesenstreifen können zusätzliche Wildstaudenpflanzungen stimmig vermitteln.
- Wildbienen- und Schmetterlingswiesen sind als Säume besonders gut geeignet.

VOM RASEN ZUR WIESE

WELCHE
KRÄUTER SIND ERWÜNSCHT?

- Im Prinzip alle ansehnlichen Kräuter und „Unkräuter" – sofern sie nicht durch aggressives Ausbreiten andere Pflanzen verdrängen.
- Typische Rasengäste wie Gänseblümchen, Schafgarbe und Spitzwegerich sind in der Regel unproblematisch.
- Löwenzahn, Weißklee, Hahnenfuß, Ehrenpreis und Gundermann sollten ausgedünnt werden, wenn sie überhandnehmen.
- Stärkeres Eingreifen ist vor allem bei Disteln, Giersch, Ampfer, Acker- und Zaunwinde sowie Quecken ratsam.

WIE
FUNKTIONIERT ABMAGERN?

- Sand und feiner Kies, der nach dem Mähen – nicht allzu dick – ausgebracht und leicht eingeharkt wird, kann den Nährstoffgehalt etwas „verdünnen".
- Mithilfe einer Aerifiziergabel lässt sich der Sand gleich tiefer in den Boden einbringen.
- Nicht düngen!

Schluss mit Intensivpflege

- Für das Umwandeln des Rasens gibt es etwas unterschiedliche Empfehlungen. Wichtig und richtig ist es in jedem Fall, das Düngen, Beregnen und jeden Herbizideinsatz zu unterlassen.
- Am besten mäht man am Anfang etwas häufiger, bis zu sechsmal im Jahr, um mit dem noch üppigen Aufwuchs möglichst viele Nährstoffe zu entziehen.

Mähen mit Bedacht

- Stellen Sie sich einfach vor, es wäre eine „richtige" Wiese: Gemäht wird, sobald sich die Heuernte lohnen würde. Mit der Zeit kann man sich dann auf 2 bis 3 Schnitte zwischen Juni und September beschränken.
- Lassen Sie das Mähgut vor dem Abrechen ein paar Tage abtrocknen – so können bereits vorhandene Samen ausfallen.

KOSMOS

SOFORTHELFER

Wildblumensamen haben es in der Grasnarbe nicht ganz einfach. Die Saatstärke wird hier besser etwas höher gewählt, als auf der Packung angegeben. Bei Frühjahrssaat wachsen viele Blumen zwar gut an, allerdings erholt sich die Gräserkonkurrenz auch rasch vom Vertikutieren. Bei mäßigem Erfolg kann das Verfahren im September wiederholt werden.

Wiesenblumen pflanzen

- Das Einpflanzen von Wildstauden und im Herbst von zum Verwildern geeigneten Zwiebelblumen verhilft schneller zu einer schönen Wiese.
- Am besten behaupten sich solche Blumen, wenn man an verstreuten Pflanzstellen den Graswuchs ganz entfernt und den Boden gründlich lockert.

Wiesenblumen einsäen

- Auch mit Wiesenblumensamen lässt sich die Umwandlung beschleunigen.
- Mähen Sie im April oder Mai den Rasen sehr kurz und reißen Sie mit dem Vertikutierer die Fläche auf.
- Drücken Sie die Samen nach dem Ausstreuen an und halten Sie die Saat bis zum Aufgehen feucht.

BLUMENWIESE NEU ANLEGEN

WIE

WIRD DIE WIESE GEPFLEGT?

- Wiesen brauchen kaum Pflege. Aber wuchernde Unkräuter kann man natürlich entfernen, soweit sie gut erreichbar sind.
- Das Beregnen entfällt (abgesehen von der Aussaat), ebenso das Düngen. Nur auf sehr mageren Böden darf man gelegentlich etwas Kompost ausstreuen.

WARUM

GIBT ES UNTERSCHIEDLICHE EMPFEHLUNGEN?

- Werden erstaunlich hohe Saatmengen (z. B. 20 g/m²) empfohlen, sind die Samen in der Regel mit „Saathelfern" wie Vermiculite, Sägespänen oder Kleie vermischt.
- Saat- und Mähtermine sind Richtwerte, die je nach Wetterverlauf, Region und Wiesentyp variieren können.
- Gemäht wird erst, wenn viele Blumen und Gräser bereits Samen gebildet haben (Außer im ersten Jahr, siehe Tipp rechts).

Langfristiges Abmagern

- Wurde die Fläche bisher intensiv gedüngt oder wird ein Magerrasen angestrebt, hilft die Aussaat stark zehrender Pflanzen, z. B. Sonnenblumen. Wenn man sie nach dem Mähen abräumt, entziehen sie reichlich Nährstoffe.
- Schnellwüchsige Arten wie *Phacelia* (siehe Bild) und Ackersenf können mehrmals hintereinander angebaut werden und so den Nährstoffentzug beschleunigen.

Bodenvorbereitung

- Für gründliches Abmagern kann es nötig werden, wenigstens 2 Jahre lang nährstoffzehrende Pflanzen einzusetzen und immer wieder zu entfernen.
- Ansonsten genügt es, wenn man zum Abmagern rund 8 cm hoch Sand und feinen Kies ausbringt und einarbeitet.
- Vor der Aussaat wird der Boden gelockert, gründlich von Pflanzenresten und Wurzeln befreit und eingeebnet.

Aussaat

- Die beste Saatzeit liegt meist zwischen Mitte April und Ende Mai; auch eine Herbstsaat im September ist möglich.
- Sofern die Packungsaufschrift nichts anderes besagt, streut man 4 bis 8 g/m² Saatgut breitwürfig aus.
- Beim gleichmäßigen Verteilen helfen das Vermischen der Samen mit feinem Sand und das Markieren der Meterquadrate mit Leisten.

Nach dem Säen

- Viele Wiesenblumen sind Lichtkeimer, deshalb werden die Samen höchstens ganz leicht eingeharkt und mit einer Walze oder Trittbrettern angedrückt.
- Halten Sie die Fläche gleichmäßig feucht, bis sich überall der Aufwuchs entfaltet hat. Das dauert in der Regel 3 bis 4 Wochen.

BEGEHBARE BODENDECKER

WAS
WÄCHST RASENARTIG?

- Als Rasenersatz für kleine Flächen eignen sich vor allem Fiederpolster und Teppichverbene; außerdem verschiedene Duftkräuter.
- Bei anderen, höheren Bodendeckern wie Immergrün ist die Begehbarkeit eher ein „Zusatznutzen" und erleichtert das freie Bewegen im Garten.

WELCHE
PFLANZEN EIGNEN SICH NOCH?

- Fast alle niedrigen, teppichartigen Bodendecker vertragen gelegentliches Begehen. Besonders gut eignen sich:
- Für sonnige Plätze: Stachelnüsschen *(Acaena microphylla)*, Sternmoos *(Sagina subulata)*, Bruchkraut *(Herniaria glabra)*, Weißer Mauerpfeffer *(Sedum album)*.
- Für Halbschatten bis Schatten: Pfennigkraut *(Lysimachia nummularia)*, Blauer Bubikopf *(Isotoma fluviatilis)*, Golderdbeere *(Waldsteinia ternata)*, Efeu *(Hedera helix)*.

Teppichverbene

- Die Teppichverbene *(Phyla* syn. *Lippia nodiflora)* bildet in Sonne und Halbschatten einen Teppich mit zartrosa Blüten und verträgt häufiges Betreten ebenso wie Trockenheit.
- Ihre schnellwüchsigen Kriechtriebe sollten an den Rändern regelmäßig gestutzt werden. Fröste unter –10 °C können ihr stark zusetzen, doch meist erholt sie sich recht gut.

Fiederpolster

- Das trittfeste Fiederpolster *(Cotula* syn. *Leptinella squalida)* bildet dichte Matten, wuchert aber kaum. Die bräunlich grünen Fiederblätter sind ansehnlich, die gelbgrünen Blüten unauffällig.
- Fiederpolster mag es etwas feuchter als die Teppichverbene, verträgt dafür Halbschatten besser und gilt als recht winterhart.

KOSMOS

SOFORTHELFER

Bei den meisten Bodendeckern reichen 6 bis 10 Pflanzen/m². Der Boden sollte gründlich vorbereitet und gelockert werden. Anfangs muss man noch öfter Unkräuter ausrupfen, doch bald dominieren die Bodendecker. Mähen ist in der Regel nicht nötig, wird aber von starkwüchsigen Bodendeckern (bei hoher Schnitteinstellung) gelegentlich verkraftet.

Kleines Immergrün

- In der Sonne wie im Schatten überzieht das winterharte Immergrün *(Vinca minor)* den Boden mit einer zunehmend dichteren Decke, ohne zu wuchern.
- Das schöne, glänzend grüne Laub verkraftet öfteres Begehen problemlos. Die veilchenblauen Blüten erscheinen im Mai und blühen bis September nach.

Kriechwacholder

- Kriech- oder Teppichwacholder *(Juniperus horizontalis)* bevorzugt sonnige Plätze, erweist sich als sehr robust und erstaunlich gut begehbar.
- Die nicht wuchernden, je nach Sorte blaugrünen bis stahlblauen Matten breiten sich flach aus. Hier reichen 3 bis 4 Pflanzen/m².

DUFTRASEN

WO
GEDEIHT EIN DUFTRASEN?

- Vor allem Rasenkamillen und Thymianarten eignen sich durchaus für Flächen von mehreren Quadratmetern – am besten an Stellen, die im Sommer häufiger „beschnuppert" werden.
- In Terrassennähe muss man allerdings mit häufigem Bienen- und Hummelbesuch rechnen.
- Duftraseninseln und -säume kann man auch schön mit Rasenflächen kombinieren.

WELCHE
PFLANZEN EIGNEN SICH NOCH?

- Neben den hier vorgestellten Kräutern kommen für Duftrasen infrage: Kriechendes Bohnenkraut *(Satureja spicigera)*, Teppich-Wermut *(Artemisia assoana)*, Polster-Silberraute *(Artemisia schmidtiana* 'Nana'). Ihre Ansprüche sind ähnlich wie beim Thymian beschrieben.
- Auch die Teppichverbene (S. 114) duftet, allerdings nicht so intensiv wie typische Duftrasenkräuter.

Rasenkamille

- Rasenkamille braucht gut durchlässigen Boden. Die Römische Kamille *(Chamaemelum nobile)* bevorzugt Sonne und blüht im Sommer ansehnlich.
- Die nichtblühende, dennoch intensiv duftende Englische Rasenkamille (*C. nobile* 'Treneague') verträgt Halbschatten besser und ist besonders trittfest, allerdings etwas frostempfindlicher.

Teppich-Poleiminze

- Diese niedrig bleibende Minze (*Mentha pulegium* subsp. *repens*) duftet intensiv und schmückt sich im Sommer mit hellvioletten Blütenquirlen.
- Poleiminze gedeiht am besten auf frischem Boden im Halbschatten. Sie verträgt nur gelegentliches Begehen.
- Vorsicht: Diese Minze ist leicht giftig und nicht für Tees geeignet!

KOSMOS

SOFORTHELFER

Von manchen Duftkräutern gibt es Samen, doch vorgezogene Pflanzen (je nach Art 8 bis 15/m²) eignen sich wesentlich besser. Da sie die Fläche langsamer überziehen als andere Bodendecker, sollte man in der Anfangszeit regelmäßig jäten. Bei Rasenkamille und Thymian fördert ein Rückschnitt nach der Blüte (mit hoch eingestelltem Mäher) dichteren Wuchs.

Thymian-Arten

- Die größte Auswahl haben Sie beim Thymian: Fast alle niedrigen Arten lassen sich für flächendeckende Bepflanzungen verwenden und sind zumindest gelegentlich begehbar.
- Als ziemlich trittfest gelten vor allem Kümmel-Thymian (*Thymus herba-barona)*, Sand-Thymian *(T. serpyllum)* und *T. doerfleri* 'Bressingham Seedling'.

Aromatische Sonnenkinder

- Alle Thymiane brauchen Sonne und wachsen am besten auf nährstoffarmen, sandigen bis steinigen Böden. Die gängigen Arten vertragen Fröste gut, leiden aber bei langen Nässeperioden.
- In der Sommerhitze duften sie am intensivsten und ziehen mit ihren hübschen Blüten Schmetterlinge, Bienen und Hummeln an.

ARBEITSKALENDER

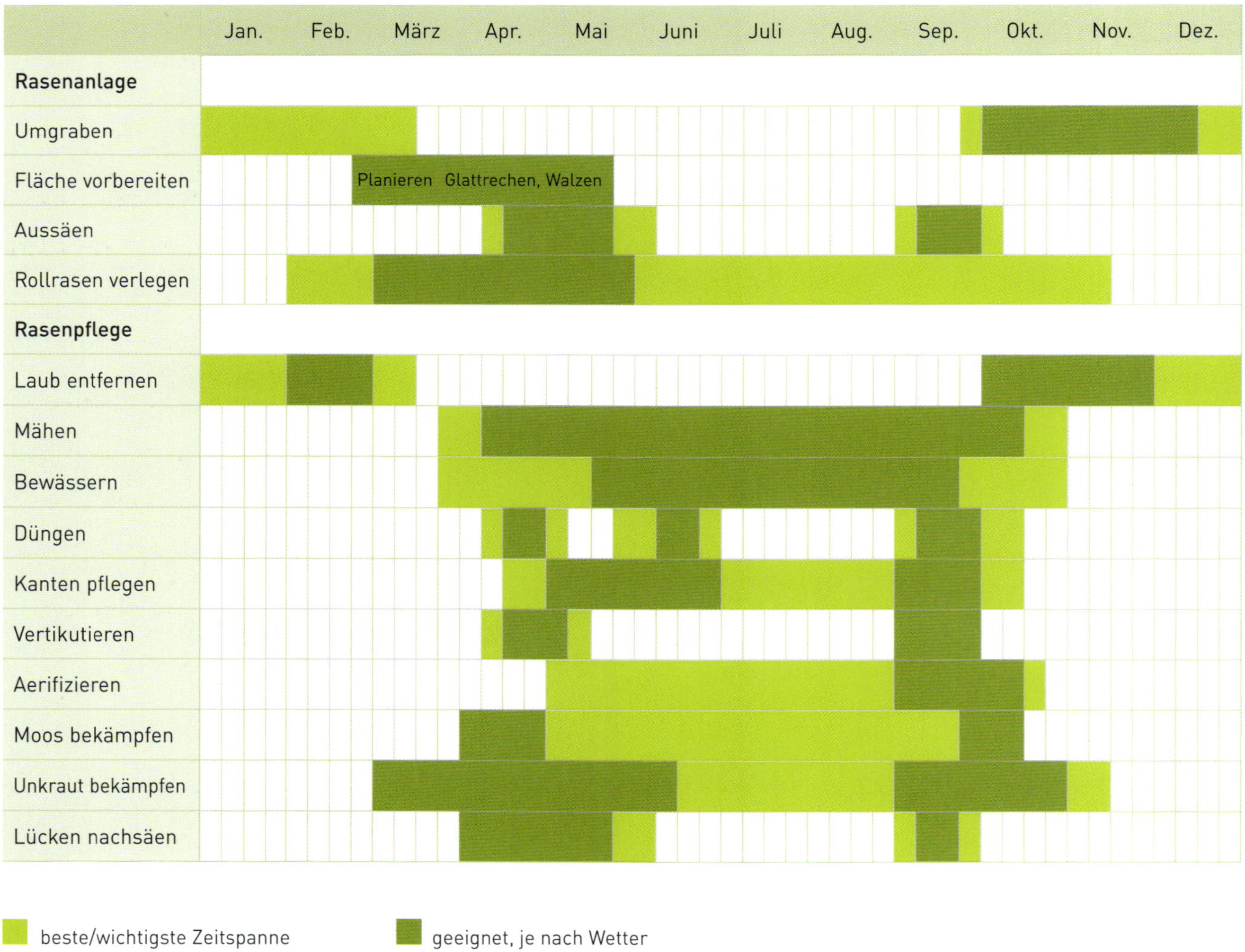

FAUSTZAHLEN RASEN & BLUMENWIESE

Rasen

Bodenverbesserung bei Neuanlage

- Leichte, sandige Böden: 20 bis 50 Liter Kompost pro m² oberflächlich einarbeiten
- Schwere, tonige Böden: 20 bis 30 Liter Sand oder feiner Kies pro m², bis 20 cm tief einarbeiten; 20 bis 50 Liter Kompost pro m² oberflächlich einarbeiten

Rasenaussaat

- Saatmenge: 20 bis 30 g/m² (je nach Packungsangabe)
- Samen einarbeiten: 1 bis 2 cm tief

Nach der Aussaat

- Feuchthalten: mindestens 4 Wochen lang
- Erstes Mähen: ab 8 cm Höhe, auf 4 bis 5 cm kürzen
- Erstes Düngen: nur etwa halb so viel, wie auf der Packung angegeben

Mähen

- Allgemein: Gräser höchstens um ein Drittel kürzen
- Gebrauchsrasen: auf 3 bis 5 cm schneiden, bei Sommerhitze nur auf 6 cm
- Zierrassen: auf 2 bis 3 cm (maximal 4 cm) schneiden
- „Englischer" Rasen: alle 2 bis 3 Tage auf gut 1 cm schneiden
- Schattenrasen: auf 5 bis 6 cm schneiden

Düngen

- Allgemein: Packungsangaben beachten.
- Bei regelmäßiger Düngung (2 bis 3 Gaben im Jahr) genügen meist die niedrigsten Mengenempfehlungen.
- Mineraldünger (schnell wirksam): 20 bis 30 g/m²
- Langzeitdünger: 20 bis 50 g/m²
- Organische Dünger: 50 bis 100 g/m²

Beregnen

- Pro Gießvorgang: 10 bis 15 l/m²
- Boden durchfeuchten: 15 bis 20 cm tief
- Bei Sommertrockenheit: 25 l/m² pro Woche, also bis zu zweimal wöchentlich beregnen

Belüften

- Vertikutieren: alle ein bis zwei Jahre
- Aerifizieren: alle zwei bis drei Jahre (nur wenn der Boden zum Verdichten neigt)

pH-Wert, Kalken

- Günstig bei leichten, sandigen Böden: pH-Wert 5,5 bis 6,0
- Günstig bei schweren, tonigen Böden: pH-Wert 6,0 bis 6,5
- Nur Kalk ausbringen, wenn der pH-Wert darunter liegt
- Dann reichen in der Regel 50 bis 100 g langsam wirkender Kalkdünger pro m².
- Mehr Kalkdünger (150 bis 300 g/m²) nur bei einem pH-Wert unter 5,0
- Bester Termin fürs Kalken: März/April

Blumenwiese

Boden abmagern

- Intensives Abmagern: 2 bis 3 Jahre Aufwuchs entfernen, nicht düngen; nährstoffzehrende Pflanzen säen und abmähen
- Mäßiges Abmagern: rund 8 cm hoch Sand und feinen Kies ausbringen und bis 25 cm tief einarbeiten

Wiesenaussaat

- Saatmenge: 4 bis 8 g/m², bei Saatgut mit „Saathelfern" rund 20 g/m² (je nach Packungsangabe)
- Samen einarbeiten: nur andrücken oder ganz flach einharken (0,5 bis 1 cm tief)

Nach der Aussaat

- Feuchthalten: rund 4 Wochen lang
- Erstes Mähen: nach rund 8 Wochen auf 5 bis 8 cm; im ersten Jahr je nach Wuchsstärke dies noch ein bis zwei Mal wiederholen

Blumenwiese mähen

- Üblicherweise zwei Schnitte: im Juni/Juli und im September
- Bei mäßigem Wuchs: nur ein Schnitt Ende August/September
- Schnitthöhe: 6 bis 10 cm

ADRESSEN

Geräte & Rasenmäher

Dolmar GmbH
Jenfelder Str. 38
22045 Hamburg
www.dolmar.com

Fiskars Germany GmbH
Oststraße 23
32051 Herford
www.fiskars.com

MTD Products Aktiengesellschaft
Geschäftsbereich WOLF-Garten
Industriestraße 23
66129 Saarbrücken
www.wolf-garten.de

Robert Bosch GmbH
Robert-Bosch-Platz 1
70839 Gerlingen-Schillerhöhe
www.bosch.de

Gardena Manufacturing GmbH
Central Service
Hans-Lorenser-Str. 40
89079 Ulm
www.gardena.com

Saatgut & Dünger

Compo GmbH
Gildenstraße 38
48157 Münster
www.compo.de

MTD Products Aktiengesellschaft
Geschäftsbereich WOLF-Garten
Industriestraße 23
66129 Saarbrücken
www.wolf-garten.de

Bodendecker

Staudengärtnerei Gaißmayer
Jungviehweide 3
89257 Illertissen
www.gaissmayer.de

Bodenuntersuchungen

Auskunft gibt es bei:

VDLUFA
c/o LUFA Speyer
Obere Langgasse 40
67346 Speyer
www.VDLUFA.de

Gartenakademien

BADEN-WÜRTTEMBERG
Gartenakademie Baden-Württemberg e. V.
Diebsweg 2
69123 Heidelberg
www.gartenakademie.info

BAYERN
Gartenakademie Bayern
An der Steige 15
97209 Veitshöchheim
www.lwg.bayern.de/gartenakademie/

HESSEN
Hessische Gartenakademie
Brentanostraße 9
65366 Geisenheim
www.llh-hessen.de/hessische-gartenakademie

NIEDERSACHSEN
Niedersächsische Garten-akademie
Hohen Kamp 51
26160 Bad Zwischenahn
www.lwk-niedersachsen.de

RHEINLAND-PFALZ
Gartenakademie Rheinland-Pfalz
Breitenweg 71
67435 Neustadt/W
www.gartenakademie.rlp.de

SAARLAND
Saarländische Gartenakademie
Dillinger Straße 67
66822 Lebach
www.lwk-saarland.de

SACHSEN
Gartenakademie Sachsen
Söbrigener Straße 3a
01326 Dresden-Pillnitz
www.landwirtschaft.sachsen.de

THÜRINGEN
Gartenakademie Thüringen
Hinter der Mühle 19
99095 Erfurt-Stotternheim
www.gartenakademie-thueringen.de

Amtliche Pflanzenschutzberatung

BADEN-WÜRTTEMBERG
Landesamt für Pflanzenschutz
Reinsburgstr. 107
70197 Stuttgart
www.landwirtschaft-mlr.baden-wuerttemberg.de

BAYERN
Bayerische Landesanstalt für Landwirtschaft
Institut für Pflanzenschutz
Lange Point 10
85354 Freising
www.lfl.bayern.de/ips

BERLIN
Pflanzenschutzamt Berlin
Mohriner Allee 137
12347 Berlin
www.stadtentwicklung.berlin.de/pflanzenschutz

BRANDENBURG
Landesamt für Ländliche Entwicklung, Landwirtschaft und Flurneuordnung
Pflanzenschutzdienst
Müllroser Chaussee 54
15236 Frankfurt (Oder)
www.mil.brandenburg.de

BREMEN
Lebensmittelüberwachungs-, Tierschutz und Veterinärdienst des Landes Bremen
Pflanzenschutzdienst
Lötzener Straße 3
28207 Bremen
www.lmtvet.bremen.de

HAMBURG
Pflanzenschutzdienst Hamburg
Brennerhof 123
22113 Hamburg
www.pflanzenschutz.hamburg.de

HESSEN
Regierungspräsidium Gießen
Dezernat 51.4 – Pflanzenschutzdienst
Schanzenfeldstraße 8
35578 Wetzlar
www.pflanzenschutzdienst.rp-giessen.de

MECKLENBURG-VORPOMMERN
Landesamt für Landwirtschaft, Lebensmittelsicherheit und Fischerei Mecklenburg-Vorpommern
Pflanzenschutzdienst
Graf-Lippe-Straße 1
18059 Rostock
www.lallf.de

NIEDERSACHSEN
Landwirtschaftskammer Niedersachsen
Pflanzenschutzamt, Standort Hannover
Wunstorfer Landstraße 9
30453 Hannover
www.lwk-niedersachsen.de

wie oben, Standort Oldenburg
Sedanstraße 4
26121 Oldenburg
www.lwk-niedersachsen.de

NORDRHEIN-WESTFALEN
Landwirtschaftskammer Nordrhein-Westfalen
Pflanzenschutzdienst
Siebengebirgsstraße 200
53229 Bonn-Roleber
www.pflanzenschutzdienst.de

ADRESSEN

Dienststelle Münster:
Landwirtschaftskammer Nordrhein-Westfalen
Pflanzenschutzdienst
Nevinghoff 40
48147 Münster

RHEINLAND-PFALZ
Dienstleistungszentrum
Ländlicher Raum Rheinpfalz
Breitenweg 71
67435 Neustadt/W

SAARLAND
Landwirtschaftskammer für das Saarland
Pflanzenschutzdienst
Dillinger Straße 67
66822 Lebach
www.lwk-saarland.de

SACHSEN
Sächsisches Landesamt für Umwelt, Landwirtschaft und Geologie
Abteilung Pflanzliche
Erzeugung, Referat
Pflanzenschutz
Stübelallee 2
01307 Dresden
www.smul.sachsen.de

SACHSEN-ANHALT
Landespflanzenschutzamt
Lerchenwuhne 125
39128 Magdeburg
www.llg-lsa.de

SCHLESWIG-HOLSTEIN
Pflanzenschutzamt/
Landwirtschaftskammer
Am Kamp 15–17
24768 Rendsburg
www.lksh.de/
pflanzenschutzdienst

THÜRINGEN
Ministerium für Landwirtschaft, Naturschutz und Umwelt, Abt.Landwirtschaft
Beethovenstr. 3
99096 Erfurt
www.thueringen.de/th8/tmlfun

GARTENBEDARF

Keimzeit Saatgut-Fachversand
Hainholzweg 3
21358 Mechtersen
www.keimzeit-saatgut.de

Bakker (Pflanzenversand)
Kremerbergweg 1
22926 Ahrensburg
www.bakker-holland.de

Woodsteel GmbH
Ohlstedter Str. 17
22949 Ammersbek
www.woodsteel.de

W. Neudorff GmbH KG
An der Mühle 3
31860 Emmerthal
www.neudorff.de

Gärtner Pötschke
Beuthener Str. 4
41561 Kaarst
www.poetschke.de

Baldur-Garten
Elbinger Str. 12
64625 Bensheim
www.baldur-garten.de

Dehner GmbH & Co. KG
Donauwörther Str. 3–5
86641 Rain
www.dehner.de

Gartenbedarf-Versand
Richard Ward
Günztalstr. 22
87733 Markt Rettenbach
www.gartenbedarf-versand.de

SERVICE **REGISTER**

A

Absanden 68
Ackerkratzdistel 82
Ackerwinde 82
Aerifizier-Geräte 30
Aerifizieren 68
Akkumäher 19
Algen 80
Ameisen 93
Aufsitzmäher 21
Aussaat 44
Automatische Bewässerung 36

B

Balkenmäher 21
Benzinmäher 20
Berliner Tiergarten 11
Bewässern 64
Bewässerung, Automatische 36
Bewässerungscomputer 36
Blumeninseln 108
Blumenrasen 15, 101, 104
Blumenwiese 101, 106
Boden verbessern 42
Bodendecker 103, 114 f.
Bodenvorbereitung 42 f.
Bohnenkraut, Kriechendes 116
Braunelle, Kleine 82
Brown Patch 88

D

Dachbegrünung 13
Dollarfleckenkrankheit 87
Duftrasen 116 f.
Düngen 60 ff.
Düngen, nach der Aussaat 47
Dürre Flecken 95

E

Ehrenpreis 83
Elektor-Aerifizierer 31
Elektromäher 18
Elektrovertikutierer 29

F

Fächerbesen 26
Fangkorb 19
Fertigrasen 97
Fettwiese 107
Fiederpolster 114
Flächenregner 34
Flechten 80
Flecken, dürre 95
Frostschäden 94
Frühjahrsdüngung 70
Frühjahrspflege 70 f.

G

Gänseblümchen 83
Gartenschlauch 32
Gebrauchsrasen 10
Getrieberegner 35
Grasscheren 24

H

Hahnenfuß 82
Handmäher 18
Handvertikutierer 28, 66
Harke 26
Herbizide 85
Herbstpflege 74 f.
Hexenringe 89
Hirtentäschel 82
Hitzeschäden 94
Hundeurin 95

I

Immergrün 115

K

Kahle Stellen 96
Kanten 58
Kantenschneider 24
Kantenstecher 27
Klee, Weiß- 82
Kompost 42

REGISTER

Krankheiten 86 ff.
Kräuterrasen 15
Kreisregner 34
Kreuzkraut, Gewöhnliches 82

L

Landschaftsrasen 14
Laub 70
Laubbesen 26
Löwenzahn 82

M

Magerrasen 107
Mähen, nach der Aussaat 46
Mäher, leise 18 f.
Mähroboter 22
Mähroutine 54
Mastkraut 82
Maulwurf 91
Maulwurfsgrille 92
Mikro-Klee 14
Moos 78
Mulchmäher 17
Multifunktionsregner 34

N

Nachsaat 47, 96
Nährstoffe 61

P

Parkplatzrasen 12
Pendelvertikutierer 28
Pflege 53 ff.
  Frühjahr 70 f.
  Herbst 74 f.
Pflege, Sommer 72 f.
  Winter 75 f.
Pilzkrankheiten 86 ff.
Poleiminze, Teppich- 116
Polster-Silberraute 116
Premium-Rasen 10
Probleme 77 ff.

R

Ränder 58
Rasen mähen 54
Rasen-Reparaturset 96
Rasenanlage 41 ff.
Rasengräser 8
Rasenkamille 116
Rasenkanten 27, 50
Rasenlüfter 66
Rasenmäher 16 ff.
Rasenmäher, leise 18 f.
Rasensanierung 98 f.
Rasenschnitt 56, 57
Rasentraktor 21
Rasentrimmer 24
Rasentypen 10
Rechen 26
Regelsaatgutmischungen 9
Regenwürmer 93
Regner 34 ff.
Rispengras 8
Rollrasen 48 f., 97
Rollvertikutierer 28
Rot-Schwingel 9
Rotspitzigkeit 86

S

Saatbeet 43
Saatgut 8
Sanierung, Rasen- 98 f.
Sauerampfer 82
Schäden 94 f.
Schädlinge 90 ff.
Schaf-Schwingel 9
Schattenrasen 13
Schaumkraut, Behaartes 82
Schläuche 32
Schnakenlarve 93
Schneeschimmel 86
Schotterrasen 12
Schwingel-Arten 9
Sichelmäher 16
Sommerpflege 72 f.
Spindelmäher 16
Sportrasen 11
Sprühregner 35
Ständerpilze 87
Steuersysteme 36
Strapazierrasen 11
Streuwagen 44, 62

T

Teppich-Poleiminze 116
Teppich-Wermut 116
Teppichrasen 10
Teppichverbene 114
Thymian 117
Top-Dressing 69
Trimmen 59
Trimmer 24
Trockenheitsschäden 94
Trockenrasen 12

U

Umgraben 42
Unkraut 82
Unkrautbekämpfung 84 f.
Unkrautstecher 27
Urlaubsbewässerung 39

V

Versenkregner 35
Vertikutieren 66
Vertikutierer 28
Vierreckregner 35
Vögel 47
Vogelmiere 82

W

Wacholder, Kriech- 115
Walzen 43
Wegerich 82
Weidelgras 8, 10
Weidelgras, Deutsches 8
Weiß-Klee 82
Wiese anlegen 110
Wiese, begehbare 15
Wiese, Blumen- 101, 106, 108
Wiesen-Rispe 8
Wiesenmäher 21
Wiesenstreifen 109
Wildblumen 102
Winterpflege 75 f.
Wühlmaus 90

Z

Zeitpunkt
–, Aussaat 44
–, Düngung 62
–,Rasen mähen 54
Zierrasen 11

BILDNACHWEIS

Compo GmbH, Münster (5): 70 re, 74, 79, 96 li, 96 re
Dolmar GmbH, Hamburg (3): 20, 51, 59
Flora Press Agency, Hamburg (23): /Otmar Diez 107 li, /BIOSPHOTO/Harold Verspieren/Digitalice 46 li, /BIOSPHOTO/Michel Gunther 108 re, /BIOSPHOTO/Philippe Giraud 45, /Bodo Butz 67, /Christine Ann Föll 27 li, /Daniela Kunze 85 li, /Flowerphotos/Carol Sharp 72 li, /gartenfoto.at 11 li, 62 li, 62 re, 108 li, /GWI 12 li, /MAP 24, /Nova Photo Graphik/ 12 re, 111 re, /OrÈdia 81, /Stephan Rech 107 re, /The Garden Collection/ 60, /The Garden Collection/Derek St. Romaine 61, 87, /The Garden Collection/Nicola Stocken Tomkins 30 re, /The Garden Collection/Steven Wooster 13
GAP Photos, Earls Coine (22): 42 li, 58 li, 105 li, /Dave Bevan 8, /Howard Rice 86 re, /Jenny Lilly 109, /John Glover 94 re, /John Swithinbank 43 re, 47, /Jonathan Buckley 58 re, /Lynn Keddie 25 li, /Paul Debois 85 re, 95, 112 re, 113 li, /RHS 44 li, /Robert Mabic 68 li, 68 re, 69, /Thomas Alamy 42 re, 88, /Zara Napier 44 re
Gardena Deutschland GmbH, Ulm (20): 17, 18 li, 18 re, 19, 23, 25 re, 26, 27 re, 32, 33, 34, 35 li, 37, 38, 39, 66 li, 70 li, 72 re, 73 li, 73 re
gartenfoto.eu/Martin Staffler, Stuttgart (3): 10, 50, 51 li
Gartenschatz GmbH, Stuttgart (7): , 48 li, 48 re, 49 li, 49 re, 93 re, 97, 115 re
Kristijan Matic, Stuttgart (4): 28, 66 re, 79 re, 111 li
Shutterstock, New York (53): 1, 2 li, 2 mi, 2 re, 3 li, 3 re, 14 li, 14 re, 15, 16 li, 21 li, 21 re, 29, 30 li, 31, 35 re, 36, 40, 43 li, 46 re, 51, 52, 54, 55 li, 55 re, 56, 57, 6, 63, 64, 65, 71, 75, 76, 82 li, 82 re, 83 li, 83 re, 84, 90, 91, 92, 94 li, 100, 102, 104, 105 re, 106, 11 re, 110, 112 li, 113 re, 115 li
Staudengärtnerei Gaißmayer, Illertissen (7): 103 li, 103 re, 114 li, 114 re, 116 li, 116 re, 117
Annette Timmermann, Kalübbe (1): 5
Andreas Vietmeier, Münster (4): 78 li, 86 li, 89, 93 li
Wikipedia (7): /Andreas Goerrings 98, 99 li, 99 re, /Hedwig Storch 16 re, /Rasbak 8 li, 8 re, 9
Wolf Garten/MTD Products Aktiengesellschaft, Saarbrücken (1): 22

IMPRESSUM

Umschlaggestaltung von
Gramisci Editorialdesign, München
unter Verwendung von zwei Fotos von
shutterstock

mit 159 Abbildungen

Alle Angaben in diesem Buch sind sorgfältig geprüft und geben den neuesten Wissensstand bei der Veröffentlichung wieder. Da sich das Wissen aber laufend in rascher Folge weiterentwickelt und vergrößert, muss jeder Anwender prüfen, ob die Angaben nicht durch neuere Erkenntnisse überholt sind. Dazu muss er zum Beispiel Beipackzettel zu Dünge-, Pflanzenschutz- bzw. Pflanzenpflegemitteln lesen und genau befolgen sowie Gebrauchsanweisungen und Gesetze beachten.

ISBN 978-3-440-14687-3
Projektleitung:
Kullmann & Partner GbR, Stuttgart
Konzeptionelle Entwicklung:
Dr. Folko Kullmann, Marc Strittmatter
Lektorat: Dr. Folko Kullmann
Gestaltungskonzept:
Gramisci Editorialdesign, München
Gestaltung und Satz: Kristijan Matic
Produktion: Jürgen Bischoff
Printed in Slovenia / Imprimé en Slovenie

DIE AUTOREN

Joachim Mayer ist Diplom-Agraringenieur (Fachrichtung Gartenbau) und arbeitet seit vielen Jahren als Gartenbuchautor, Gartenjournalist und Lektor. Er berät darüberhinaus Hobbygärtner bei allen Fragen zur Gartenanlage und -Praxis.

Dr. Wolfgang Hensel ist habilitierter Botaniker und seit vielen Jahren als Autor und Übersetzer von Gartenbüchern tätig.
Er hält zudem Gartenkurse, aus denen viele Fragen und Anregungen in seine Bücher einfließen.

Sucherfolg statt Suchmaschine

Andreas Vietmeier • Marianne Klug
Pflanzenschutz
128 Seiten, 220 Abbildungen, €/D 14,99

Damit die Freude an Garten- und Zimmerpflanzen lange hält, haben wir die wichtigsten Fragen und Antworten zusammengestellt: Ohne langes Suchen und Blättern, mit vielen Diagnose-Fotos und schneller Hilfe bei Problemen mit Schädlingen und Krankheiten.

Joachim Mayer
Gartenjahr
128 Seiten, 230 Abbildungen, €/D 14,99

Was mache ich wann im Garten? Anhand von Schritt-für-Schritt-Fotos wird erklärt, welche Gartenarbeiten im Jahresverlauf bei Obst und Gemüse, Hecken, Bäumen und Sträuchern, Rosen, Stauden und Sommerblumen anfallen. Ohne langes Blättern und Suchen sind Ihre Arbeiten im Garten garantiert erfolgreich.

kosmos.de